世界银行中国节能融资项目
中国进出口银行·北京智石经济研究院

新动能
中国节能融资指南
【"十三五"建筑节能趋势与实务】

朱 敏 ◎ 主编

雷达 张宏志 潘文广 ◎ 副主编

中国财经出版传媒集团
经济科学出版社
Economic Science Press

图书在版编目（CIP）数据

新动能：中国节能融资指南/朱敏主编．—北京：经济科学出版社，2017.4

ISBN 978-7-5141-8016-9

Ⅰ.①新… Ⅱ.①朱… Ⅲ.①建筑-节能-融资-研究-中国 Ⅳ.①TU111.4②F832.48

中国版本图书馆 CIP 数据核字（2017）第 107069 号

责任编辑：周国强　李　建
责任校对：王苗苗
责任印制：邱　天

新动能：中国节能融资指南

朱　敏◎主编

雷　达　张宏志　潘文广◎副主编

经济科学出版社出版、发行　新华书店经销
社址：北京市海淀区阜成路甲28号　邮编：100142
总编部电话：010-88191217　发行部电话：010-88191522
网址：www.esp.com.cn
电子邮件：esp@esp.com.cn
天猫网店：经济科学出版社旗舰店
网址：http://jjkxcbs.tmall.com
北京季蜂印刷有限公司印装
710×1000　16开　12.75印张　200000字
2017年5月第1版　2017年5月第1次印刷
ISBN 978-7-5141-8016-9　定价：48.00元
（图书出现印装问题，本社负责调换。电话：010-88191510）
（版权所有　侵权必究　举报电话：010-88191586
电子邮箱：dbts@esp.com.cn）

前　　言

本书是世界银行"中国节能融资项目"配套课题的阶段性成果。世界银行"中国节能融资项目"意在促进节能减排、完善节能融资市场化机制和体系、提高大中型工业企业节能技术改造能力、加强政府节能政策及规划的制定和执行能力。得益于该国际合作项目的实施和中国进出口银行的委托，能够有此机会将我国节能融资发展趋势以及相关应用情况进行较为详细的介绍。

对节能的重视是随我国资源能源约束趋紧的大形势逐步加深的，其与我国五大新发展理念尤其是"绿色发展"理念相谙合，是新发展理念在绿色节能方面的重要应用。值得注意的是，绿色节能的发展理念与原教旨环保主义截然不同。后者或多或少地认为人类工业文明与自然环境保护是难以调和的对立面，而前者出发点却正如习近平总书记所说的"绿水青山就是金山银山"，在保护和改善生态环境的同时，为促进经济可持续发展提供新动能。

过去企业采取粗放型增长方式的一个运用基础，就是资源要素（包括洁净空气、清洁河水等自然资源）的投入成本相对低廉。可是随着工业化的推进，这一基础发生了根本性的变化。自然资源投入成本急速上升，其中包括收取的污染费、罚款、法律成本、政府行政处罚，等等，使得粗放发展模式无以为继。而绿色发展理念则继之而起，强调通过投入绿色新技术、新工艺来提高生产力、节省自然资源的占用，从而节约企业成本。这一过程契合可持续发展的内在要求，实现了从灰色增长到绿色增长的范式转变。

以节能方面为例，企业可以通过综合能源审计发现自己在生产、工艺等环节能源利用率低的流程，相应提出节能技术改造方案改善流程、弥补漏洞，最终降低企业运营成本和产品成本。这就是绿色发展理念的一个很好的应用。

绿色发展离不开绿色金融支撑。我国绿色金融方面发展起步较晚且相对滞后，就节能融资而言，尽管从2007年以来政府和银行等部门都加大了支持力度，但我国节能减排企业融资难的问题并没有得到实质性解决，而中小型企业尤甚，且在政府主导的节能融资模式下，节能资金的主要来源是优惠贷款、财政补贴和专项资金，融资途径单一，相对于庞大的市场资金需求而言，显得杯水车薪。

近年来，在机制建设方面，我国一直大力倡导合同能源管理模式来推动节能产业发展。由于国家税收优惠和国际合作贷款等政策，合同能源管理也取得了长足进步。目前国内已备案节能服务企业超过3000家，实施过合同能源管理项目的节能服务公司也超过2000家。EMC模式核心在于，节能服务公司以项目未来所节约的能源费用收益权作为质押，向银行获得质押融资。这种市场化商业模式显然更加适合节能产业快速成长。当然问题仍然存在，主要是节能服务公司多数是中小型企业，未形成规模效应，因而公司资信不高、风险较大，这也使得银行在贷款上相当谨慎。

目前我国政府相关部门一直在积极鼓励和引导银行等金融机构根据节能服务公司的融资需求特点，创新信贷产品和服务。多家商业银行也积极了解和介入节能产业，推出绿色信贷创新产品。以浦发银行为例，2010年以来其相继推出了五大绿色信贷板块和十大特色产品，成为银行业内节能融资领域的领头羊。未来在节能产业融资服务上，需要政府部门、金融机构、监管机构等共同努力，共同为产业发展创造良好内外环境。

本书以建筑节能为例，通过对国内节能融资现状和节能融资模式的初步梳理，希望为国内银行开展以合同能源管理机制为核心的节能融资业务提供有益建议，更好地践行节能减排和绿色发展理念，推动产业转型升级，促进经济社会可持续发展，实现绿色崛起的伟大复兴"中国梦"。

目 录

上篇　国内建筑节能发展方向与趋势 / 1

第 1 章　中国建筑节能现状分析 / 3

1.1　新动能：国内建筑节能基本现状 / 3

1.2　中国建筑节能政策导向 / 19

1.3　中国建筑节能发展方向 / 21

第 2 章　中国建筑节能融资概况 / 30

2.1　国内建筑节能融资的需求规模 / 30

2.2　建筑节能融资重点支持领域 / 32

2.3　节能减排融资在中国的发展现状 / 34

第 3 章　建筑节能项目借款主体类型 / 42

3.1　概况 / 42

3.2　政府 / 42

3.3　物业公司或供热公司 / 43

3.4　节能服务公司 / 43

I

第4章　绿色建筑领域的有效融资模式 / 45

4.1　国内既有居住建筑节能改造的融资经验分析 / 45

4.2　政府主导的融资模式设计 / 47

4.3　合同能源管理（EMC）融资模式 / 50

4.4　建筑节能项目融资风险的综合评价方法 / 53

中篇　国内以合同能源管理机制为核心的建筑节能市场融资模式 / 55

第5章　国内支持合同能源管理机制的相关政策 / 57

5.1　国家法律、行政法规 / 57

5.2　国务院各主管部委规章制度 / 58

5.3　针对合同能源管理的财政、税收优惠政策 / 59

5.4　节能服务公司备案情况 / 60

5.5　政策与市场展望 / 61

第6章　国内节能服务融资业务情况 / 62

6.1　国内节能服务融资发展现状 / 62

6.2　合同能源管理机制简介与发展现状 / 63

6.3　中国既有建筑节能改造项目的融资模式 / 64

6.4　国内节能融资的制度现状 / 71

第7章　合同能源管理模式在建筑节能中的典型案例 / 73

7.1　合同能源管理模式 / 73

7.2　合同能源管理模式典型案例 / 75

第 8 章　对银行开展合同能源管理业务的建议 / 83

8.1　银行开展合同能源管理业务现状 / 83
8.2　合同能源管理业务的挑战与应对措施 / 84
8.3　浦发银行绿色信贷业务开展的经验 / 87
8.4　银行推出合同能源管理相关业务建议 / 89

下篇　建筑节能必备知识与应用 / 93

第 9 章　通用建筑节能技术、关键性技术及能源审计 / 95

9.1　通用建筑节能技术 / 95
9.2　典型行业的关键性节能减排技术 / 98
9.3　企业能源审计概况 / 100

第 10 章　节能量统计方法与案例 / 111

10.1　建筑节能技术改造项目 / 111
10.2　企业节能量计算方法 / 114
10.3　节能量计算案例 / 120
10.4　中国第三方节能量审核现状 / 123

附录 1　中国节能融资项目（CHEEF）/ 128
附录 2　中国节能融资项目（进出口银行）/ 131
附录 3　工程建设标准体系（城乡规划、城镇建设、
　　　　房屋建筑部分）/ 137
附录 4　建筑节能与绿色建筑发展"十三五"规划 / 180

参考文献 / 194

上篇

国内建筑节能发展方向与趋势

第1章
中国建筑节能现状分析

1.1 新动能：国内建筑节能基本现状

随着中国经济快速发展以及人民生活水平提高，对房间舒适度的要求也越来越高，加之中国正处于城市化发展的关键时期，建筑需求量不断攀升，导致建筑能耗所占比重也不断提高。建筑节能可以在保证室内舒适性的前提下，提高能源利用率，使建筑能耗总水平尽量降低。建筑节能是实现可持续发展战略的重要组成部分，在中国的长期发展中地位越来越重要。

近年来，国家加大了建筑节能技术的研发投入，节能效果明显，有效减少了温室气体排放，保护了生态环境。2014年4月，国务院出台的新型城镇化发展规划中明确提出，要大力发展绿色建材，强力推进建筑工业化。2014年5月，国务院印发的《2014~2015年节能减排低碳发展行动方案》当中明确提出要以建筑为重点，以建筑工业化为核心，推进建筑产业现代化。2014年7月出台的《关于推进建筑业发展和改革的若干意见》在发展目标中明确提出转变建筑业发展方式，积极推动以节能环保为特征的绿色建造技术的应用。

推进建筑节能和绿色建筑发展是落实国家能源生产和消费革命战略的客观要求，是加快生态文明建设、走新型城镇化道路的重要体现，是推进节能减排和应对气候变化的有效手段，是创新驱动增强经济发展新动能的着力点，是全面建成小康社会、增加人民群众获得感的重要内容，对于建设节能低碳、绿色生态、集约高效的建筑用能体系，推动住房城乡建设领域供给侧结构性改革，实现绿色发展具有重要的现实意义和深远的战略意义。基于国家"十三五"规划等战略要求，2017年2月，住房城乡建设部制定出台了《建筑节能与绿色建筑发展"十三五"规划》，这是指导"十三五"时期中国建筑节能与绿色建筑事业发展的全局性、综合性规划。

随着建筑节能产业利好政策的频频出台，商业建筑、公共建筑及工业建筑节能市场发展空间广阔，成为中国经济绿色发展新动能。

1.1.1 建筑能耗特点

建筑能耗数据统计是建筑节能工作的基础，而根据建筑能耗特点对建筑的分类又是能耗统计工作的基础。欧美发达国家在进行建筑能耗统计时，将民用建筑分类为居住建筑（residential building）和商业建筑（commercial building）。在统计结果中，分列采暖、空调、生活热水、炊事、照明、其他电器等项的能源消耗。而中国幅员辽阔、气候复杂、地区经济发展不平衡，根据中国建筑能源消耗的特点对建筑进行合理分类，便于清楚地认识各类建筑能耗的特点和发展趋势，从而有针对性地开展节能工作。建筑可分为生产用建筑（工业建筑）和非生产用建筑（民用建筑）。由于工业建筑的能耗在很大程度上与生产要求有关，并且一般都统计在生产用能中，因此本书只讨论民用建筑的能耗。中国建筑能耗的总体特点如下。

（1）南方与北方地区气候差异大，仅北方地区有采暖。中国处于北半球的中低纬度，地域广阔，南北跨越严寒、寒冷、夏热冬冷、温和及夏热冬暖等多个气候带。夏季大部分地区室外平均温度超过26℃，需要空调；而冬季室内外温差地区差异很大，从夏热冬暖地区的5℃~10℃温差，到严寒地区的高达50℃的温差，全年5个月需要采暖。比较中国南、北方建筑的能耗，发现如果去掉采暖能耗，则从北方到南方同类型建筑的用电水平无大的差异。因此，在统计中国建筑能耗时，把北方采暖能耗单独统计，这样其他类型的建筑用能就没有明显的地域特点，可以全国统一分析。

（2）城乡住宅能耗使用差异大。一方面，中国城乡住宅使用的能源种类不同，城市以煤、电、燃气为主，而农村除部分煤、电等商品能源外，在许多地区秸秆、薪柴等生物质能源仍为农民的主要能源；另一方面，目前中国城乡居民平均每年消费性支出差异大于3倍，城乡居民各类电器保有量和使用时间也差异较大。因此，在统计中国建筑能耗时，将农村建筑用能分开单独统计。

（3）把非住宅的民用建筑归类为公共建筑，发现不同规模的公共建筑除采暖外的单位建筑面积能耗差别很大，当单栋面积超过2万平方米，采用中央空调时，其单位建筑面积能耗是小规模不采用中央空调的公共建筑能耗的3~8倍，并且其用能特点和主要问题也与小规模公共建筑不同。为此，把公共建筑分为大型公共建筑和一般公共建筑两类。对大型公共建筑单独统计能耗，并分析其用能特点和节能对策。

依据能耗特点，目前中国民用建筑可分类如下。

①北方城镇建筑采暖能耗。采暖能耗与建筑物的保温水平、供热系统状况和采暖方式有关。

②农村建筑能耗，包括炊事、照明、家电等。目前农村秸秆、薪柴等非商品能源消耗量很大，数量和种类很难统计清楚，本书仅统计农村建筑的煤炭、电力等商品能源消耗。

③城镇住宅除采暖外能耗，包括照明、家电、空调、炊事等城镇居民生活能耗。

④一般公共建筑除采暖外能耗。一般公共建筑是指面积在2万平方米以下的公共建筑，包括普通办公楼、教学楼、商店等。其能耗包括照明、办公用电设备、饮水设备、空调等。

⑤大型公共建筑除采暖外能耗。大型公共建筑是指面积在2万平方米以上且全面配备空调系统的高档办公楼、宾馆、大型购物中心、综合商厦、交通枢纽等建筑。其能耗主要包括空调系统、照明、电梯、办公用电设备等[1]。

中国建筑能耗结构，见图1.1[2]。

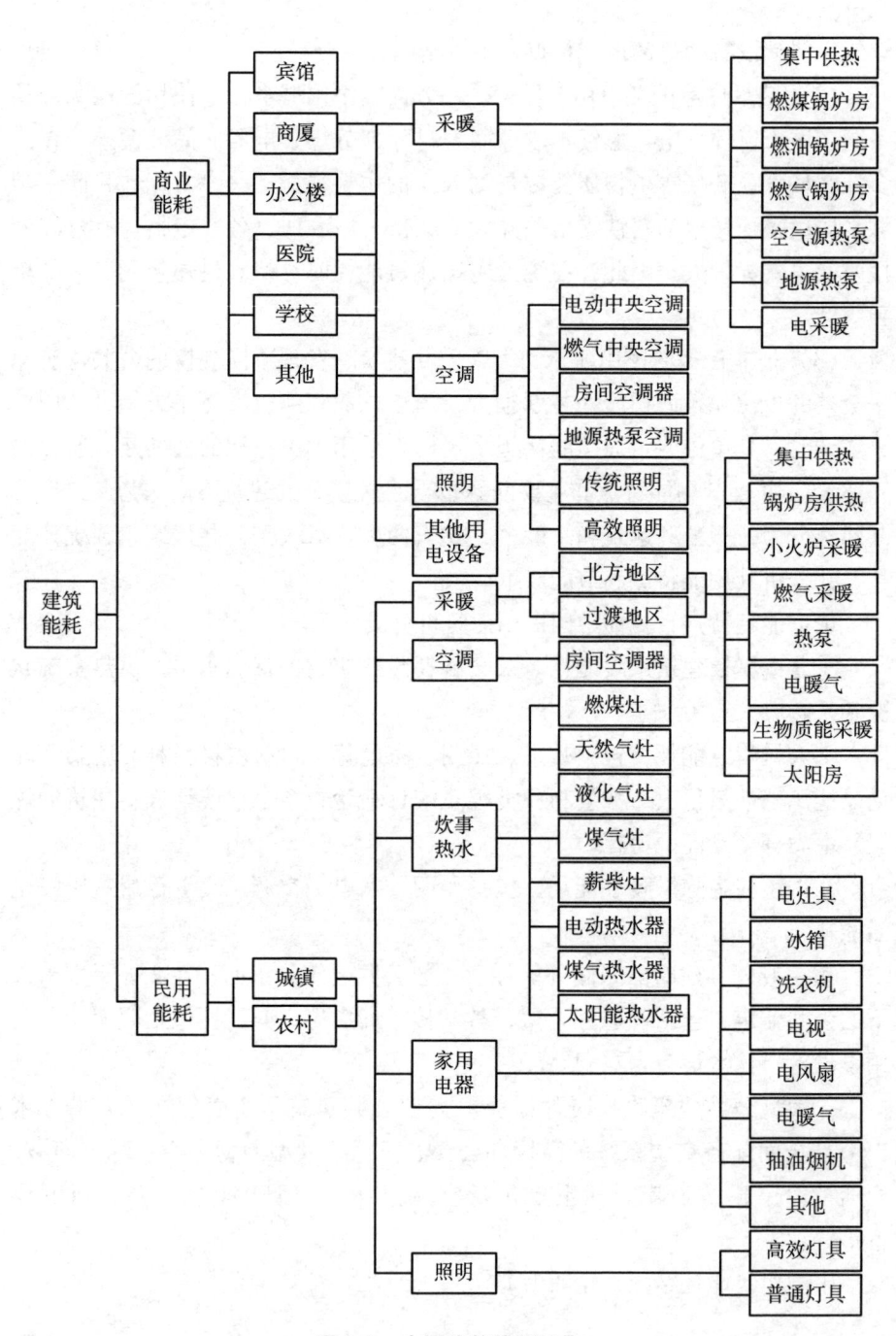

图 1.1 中国建筑能耗结构

1.1.2 建筑节能技术

中国建筑节能技术目前有很多种，各种建筑节能的技术、措施和产品都有其适用条件，根据建筑的功能、能耗特点及其所处的气候区进行相应选择。从降低采暖空调能耗、降低建筑照明和其他电器耗电、降低大型公共建筑耗能这三个建筑节能的主要任务出发，关键的建筑技术可主要归纳为：（1）建筑物优化设计；（2）新型建筑围护结构材料与部品；（3）通风装置与排风热回收装置；（4）热泵技术；（5）集中供热调节技术；（6）降低输配系统能耗的技术；（7）温度湿度独立控制的空调系统；（8）大型公共建筑的节能控制调节；（9）节能灯、节能灯具和照明的节能控制；（10）建筑热电冷三联供系统；（11）太阳能等可再生能源在建筑中的应用。

其中第（1）~（2）项是降低各类建筑的采暖空调负荷，改善自然采光效果，提高太阳能、自然通风和围护结构蓄能等非常规能源利用的效果，是实现上述建筑节能主要任务的基础；第（3）~（5）项是降低采暖能耗的关键技术；第（6）~（8）项是降低大型公共建筑的主要途径；第（9）项的目的是减少各类建筑的照明能耗。上述9项关键技术的全面解决与推广是前述到2020年建筑节能的宏大目标得以实现的基础；第（10）~（11）项则是未来新的建筑能源全面解决方案，将使未来建筑能耗进一步降低，同时建筑不再仅仅是消耗能源的末端环节，而成为能源生产、转换和蓄存的单元，成为整个能源供应和转换系统中的重要环节。

节能技术进一步细化如下：

（1）围护结构方面：墙体保温技术、遮阳技术、双层皮幕墙技术、呼吸窗技术、屋顶保温和遮阳技术等；

（2）采暖相关：分户调节控制与计量技术等；

（3）天然气利用技术：三联供技术等；

（4）热泵技术：地源和水源、地表水/污水、空气源技术等；

（5）大型公共建筑技术：蒸发冷却、温湿度独立控制、用电分项计量等；

（6）建筑用电系统节能：建筑用电系统节能、照明节能－设计、灯具等；

（7）建筑围护结构保温隔热技术：围护结构保温技术、外墙和屋顶的保温技术、玻璃特性和遮阳、带热回收的通风换气窗、双层皮幕墙等；

（8）集中供热系统的末端调节与调峰技术：燃煤燃气联合供热技术、电厂余热利用技术、燃气烟气冷凝热回收技术、分栋计量，分户"通断调节"技术、分栋供水温度可调的采暖方式等；

（9）热泵技术：原生污水水源热泵、地源热泵适宜性评价、地下水水源热泵适宜性评价、地表水、海水、中水水源热泵适应性评价、利用热泵技术的生活热水制备技术、利用二氧化碳热泵制备生活热水等；

（10）大型公共建筑节能技术：燃气吸收式制冷机、冰蓄冷、水蓄冷技术、冷却水、冷却塔系统的节能技术、空调水循环系统的节能技术、全空气系统的节能技术、温度湿度独立控制的空调系统、应用于西北干燥地区大型公共建筑的蒸发冷却技术、变制冷剂流量的多联机系统等；

（11）热电联产，区域供冷，热电冷联产和分布式能源系统：各种热电联产发电装置介绍、燃煤热电联产供热、区域供、燃气式区域性热电联产和热电冷联产、建筑热电冷联供系统等；

（12）太阳能建筑应用技术：太阳能热水系统、太阳能采暖系统、太阳能空调系统、太阳能光伏建筑集成系统等；

（13）农村建筑节能技术：生物热制气技术、秸秆压缩技术、沼气技术、吊炕技术等；

（14）农村室内环境综合改善技术：用电系统节点技术、电动机变频技术、节能灯技术、调压技术、绿色照明等。

上述任何一项和建筑节能有关的技术及措施都有其使用条件。只有在适宜的气候带，针对建筑特点，这些节能技术措施才能充分发挥有效的节能效果。而超出这一使用范围，就很难产生真正的节能效果，有时甚至还会导致实际运能能耗的增加，需合理考虑，慎重选择。

1.1.3　建筑节能标准

中国的建筑节能标准化工作从 20 世纪 80 年代起步，首先从严寒寒冷地区（北方）开始，逐步向夏热冬冷地区（过渡地区）和夏热冬暖地区（南方）推进；从建筑类型上，从仅限于居住建筑一类，逐步覆盖部分公共建筑；从专业技术的范畴，从仅包括了围护结构、采暖结构和空调系统等，业已涉及照明、生活设备、运行管理技术等等。到目前为止，建筑节能领域的现行与在编标准已有一定数量（相关标准体系分类和内容参见：国家工程建设标准化信息网）[3]。表1.1对应不同建筑类型的执行标准。

表1.1 建筑节能标准情况

分类	标准名称
专用标准	《公共建筑节能设计标准》 《建筑节能工程施工质量验收规范》 《严寒寒冷地区居住建筑节能设计标准》 《夏热冬冷地区居住建筑节能设计标准》 《夏热冬暖地区居住建筑节能设计标准》 《公共机构办公用房节能改造建设标准》 《农村居住建筑节能设计标准》 《居住建筑节能改造标准》 《公共建筑节能改造技术规范》 《公共建筑节能监测标准》
通用标准	《民用建筑采暖通风与空气调节设计规范》 《民用建筑热工设计规范》 《建筑采光设计标准》 《建筑照明设计标准》
产品标准	《城市夜景照明设计规范》 《城市道路照明设计标准》 《体育场馆照明设计及检测标准》 《民用建筑隔声设计规范》 《地源热泵系统工程技术规范》 《太阳能供热采暖工程技术规范》 《空调通风系统运行管理规范》 《体育馆声学设计与测量规程》 《供热计量技术规程》 《地面辐射供暖技术规程》
其他标准	《采暖与空调水系统水力平衡阀》 《钢制采暖散热器》 《风机过滤器机组》 《空气净化吹淋室》 《热量分配表》 《组合式空调机组》 《空气过滤器》 《建筑幕墙气密、水密、抗风压性能检测方法》 《建筑外门窗气密、水密、抗风压性能分级监测方法》

建筑节能是一个系统工程，仅从技术上就涉及建筑材料、建筑设备、仪器仪表等的生产、选用、运行、管理，包括制冷、采暖、热水、照明、动力等多专业学科，贯穿建材生产、建筑施工、建筑物运行等多环节。要实现建筑节能的既定目标，必须充分利用各专业学科技术，合理控制可能造成能耗的各环节。目前建筑节能标准已涉及建筑的设计、施工到验收整个环节，形成了建筑节能标准体系，其主要分三个层次：目标层次、工程层次和产品层次，见图1.2。

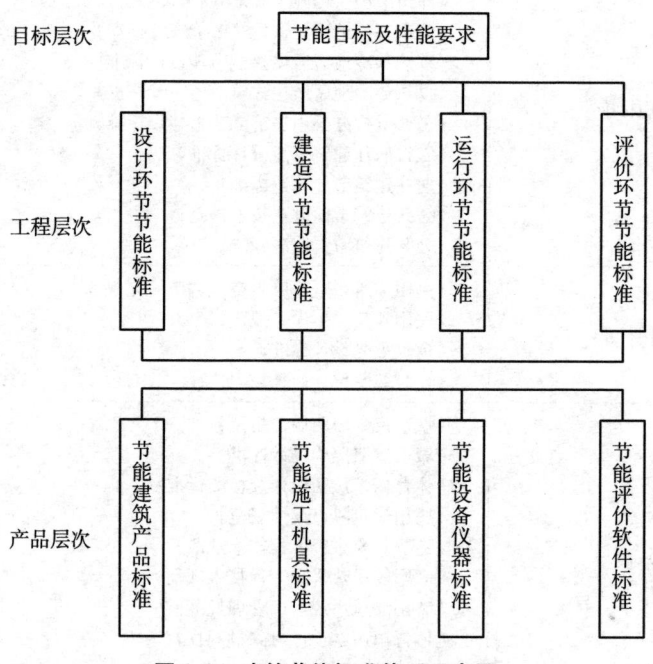

图1.2 建筑节能标准体系示意图

目标层次中的标准将提出对气候区域中各类型建筑的总体节能目标要求，或针对下两层次中的某个、多个或全部环节提出具体目标性要求。此类目标要求也可能依附于有关的技术法规或行政法规当中。在今后的研究工作中将确立目标层次标准体系的分类原则（按气候区域或建筑类型、新建或既有）。

工程层次中的标准将利用一个或多个专业的技术，以完成目标层次标准提出的要求为最大目的。此层次中每环节均会涉及与节能有关的多个专业，工程层次中的每个环节都要有自己的分框架图。一个专业单独或若干专业组合构成该环节的某一项标准的技术内容。此层次中的标准与原各专业标准体系中的标准体系主要以此层次为链接点。

产品层次中的标准是对上层次标准中为达到目标要求而采取的技术措施所可能涉及的材料、设备、制品、构配件、机具、仪器等做出的规定。此层次标准隶属产品标准范畴，其制定目的不一定仅以节能为目标，但纳入此层次的产业标准均直接或间接地与建筑节能有关，服务于上层标准。

此三层次间，目标层次提出符合国家政策法规要求的节能目标，工程层次实现这些目标的技术及管理途径，产品层次则提供依靠这些途径实现目标时必需的手段或工具。

1.1.4 建筑节能评价指标

建筑节能指标旨在帮助确定不同建筑融资项目的参考依据，降低融资风险。建筑节能指标涉及参数较多，主要包括：建筑围护结构指标、采暖空调系统设备工程等。该节能评价指标是对建筑节能量和节能率的一种完整表述。运用分层法首先确定研究对象的总目标，然后在总目标层下建立一个或多个较为具体的子目标，而子目标再分解为更为具体的指标。具体分项指标见表1.2[4]。

表1.2　　　　　　建筑节能评价指标的层次结构

总目标层	子目标层	指标层	备注
节能评价	规划设计	建筑选址	执行相应标准或导则的规定
		建筑朝向	
		建筑间距	
		平面布局	
		自然通风	
		建筑外型	体型系数、窗墙面积比

续表

总目标层	子目标层	指标层	备注
节能评价	围护结构	外墙	传热系数
		门窗	传热系数
		屋面	传热系数
		地面	传热系数
	设备系统	采暖系统	执行相应标准或导则的规定
		降温系统	
		照明系统	
	可再生能源利用	太阳能利用	执行相应标准或导则的规定

最终建筑节能融资的项目确定采用专家打分法，主要对各项技术指标、项目节能潜力和资金需求方案进行可行性论证，并进行打分，得分合格的给予项目资金资助。

1.1.5 建筑节能项目评估方法

1.1.5.1 国家的能效评估技术标准和准则

建设部 2001 年组织国内外的建筑与生态专家共同编撰了《中国生态住宅技术评估手册》，这手册在融合国际上发达国家的绿色生态建筑评估体系和中国《国家康居示范工程建设技术要点》《商品住宅性能评定方法合指标体系》有关内容的基础上制定，共分为五个子项：校区环境规划设计、能源与环境、室内环境质量、小区水环境和材料与资源，并由此提出了中国绿色生态住宅技术评估体系。此外，清华大学根据此生态住宅技术评估体系，开发了生态住区评价软件，该软件能客观、科学、量化地对居住小区进行生态技术评估。

2003 年底，清华大学、中国建筑科学研究院等专业机构组成的课题组建立了中国第一个有关绿色建筑的评价、论证体系——"绿色奥运建筑评价体系"。这套评估体系系统地提出了中国绿色建筑的主要内容和重点，建立了一批绿色建筑定量化评价指标体系，提出了全过程控制的观点与相应的评估方法和实施指南，并提出用 Q（quality，质量）—L（load，负荷）双指标体系对中国绿色建筑进行评价。住宅建筑节能评估的专用软件是清华大学开发的建筑环境设计模拟工具包 DeST，它是基于功能的模拟软件，用于对建筑、方案、系统及水力计算进行模拟，以校核设计，保证设计的可靠性，该软件已应用到了实际工程中，并取得了较好的效果。

2005 年 10 月，由中国建筑科学院主编、建设部发布的《绿色建筑技术导则》中建立了绿色建筑指标体系，主要由节地与室外环境、节能与能源利用、节水与水资源利用、节材与材料资料、室内环境质量和运营管理六类指标组成，是中国颁布的第一个关于绿色建筑的技术性指导文件。2006 年建设部发布了《绿色建筑评价标准》。为更好地实行《绿色建筑评价标准》，引导绿色建筑健康发展，建设部于 2007 年 11 月发布了《绿色建筑评价技术细则》，为绿色建筑的规划、设计、建设和管理提供了更加规范的具体指导，为绿色建筑评价标识提供更加明确的技术原则。

国家标准《住宅性能评定标准》于 2006 年 3 月 1 日起实施。《住宅性能评定标准》适用于城镇新建和改建住宅的性能评定，而不是单纯的评优标准，反映的是综合性能水平，体现节能、节地、节水、节材等产业技术政策，倡导一次装修，引导住宅开发和住房理性消费，鼓励开发商提高住宅性能等。

2008 年 6 月，建设部发布了《建筑能效测评与标识技术导则》，该导则由中国建筑科学研究院等多家单位编写，参考国际建筑能效标识经验，结合中国的实际情况，依托现有标准规范，通过研究确定不同气候区域居住建筑及公共建筑能效标识的测评程序和技术途径，确定测评内容和方法。《建筑能效测评与标识技术导则》，分别对居住建筑和公共建筑能效评估制定了相关规定。

建筑能效的测评内容包括基础项、规定项与选择项。基础项：按照国家现行建筑节能设计标准的要求和方法，计算得到的建筑物单位面积采暖空调耗能量；规定项：除基础项外，按照国家现行建筑节能设计标准要求，围护结构及采暖空调系统必须满足的项目；选择项：对高于国家现行建筑节能标准的用能系统和工艺技术加分的项目。建筑能效标识划分为五个等级。当基础项达到节能 50%~65% 且规定项均满足要求时，标识为一星；当基础项达到节能 65%~75% 且规定项均满足要求时，标识为二星；当基础项达到节能 75%~85% 且规定均满足要求时，标识为三星；当基础项达到节能 85% 以上且规定项均满足要求时，标识四星。若选择项所加分数超过 60 分（满分 100 分）则再加一星。

中国现有能效评估测量技术标准和准则内容汇总，见表 1.3。

表 1.3　　　　　　　国内能效评估测量技术标准及准则汇总

分类	技术标准及标准名称	标准号
产品能效	《冷水机组能效限定值及能源效率等级》	GB19577-2004
	《单元式空气调节机能效限定值及能源效率等级》	GB19576-2004
	《转速可控型房间空气调节器能效限定值及能源效率等级》	GB21455-2008
	《多联式空调（热泵）机组能效限定值及能源效率等级》	GB21454-2008
	《容积式空气压缩机能效限定值及节能评价值》	GB19153-2009
	《通风机能效限定值及能效等级》	GB19761-2009
	《房间空调器能效限定值及能效等级》	GB12021.3-2010
建筑能效	《建筑门窗空气渗透性能分级及其检测方法》	（GB/T7107-2002）
	《绿色建筑技术导则》	建科〔2005〕199 号 2005 年 10 月 27 日
	《绿色建筑评价标准》	GB/T50378-2006
	《绿色建筑评价技术准则》（试行）	建科〔2007〕205 号 2007 年 11 月 15 日
	《住宅性能评定标准》	GB/T50362-2005
	《民用建筑能效测评与标识技术导则》	2008 年 6 月
	《居住建筑节能能效评价标准》	

1.1.5.2　地方的能效评估技术标准和准则

1. 北京

2005 年 7 月 1 日开始执行由清华大学建筑学院、北京市城建技术开发中心主编的《公共建筑节能评估标准》（DBJ/T01-100-2005）。该标准是根据

"围护结构热工性能、空气处理用能的合理性、自然采光性能要求、空调冷热源、生活热水热源、风机水泵、照明、其他用电、可再生能源利用"九项指标，经过分析计算，从而对设计方案的节能效果给出清晰的描述和评价，更加有利于鼓励各种新的、先进的节能措施的采用。

另外，经市规划委批准立项，标办组织编制的《北京市公共建筑节能监测评估标准》已完成。该标准的编制目的主要是通过对公共建筑在运行过程中的能耗情况进行测评，通过一系列的指标对设备系统用能的合理性作出评价，以便改善运行管理水平，达到长效节能的目的。标准给出了公共建筑各用能系统的指标体系、指标定义和指标基准值，主要包括：能耗数据指标、暖通空调系统、照明系统、综合服务系统、变配电系统、给排水系统等，同时也给出了指标测算的标准化方法和节能监测评估的条件。政府机构可根据此标准进行节能检查，大型公共建筑的管理人员可参考此标准进行自查。

同时，《居住建筑能效评价标准》由北京市建委 2008 年组织出台，成为既有建筑节能改造的主要理论依据。该标准由中国建筑材料检验认证中心、北京住总集团负责编制。其采取软件评估、文件审查、现场检查及性能测试多种评价方法并存的方式，通过建筑物理论能耗指数、规定项及选择项的各项得分来最终得出建筑物能效等级。

根据被评价建筑，设置参考建筑（标准建筑），通过现有能耗评价软件，计算被评价建筑与参考建筑（标准建筑）的耗能量，将两者结果相比较，得到建筑能效等级；根据被评价建筑中可再生能源的利用情况，得到建筑物可再生能源利用等级。部分标准采用理论计算与规定项（控制项）、选择项相结合的方法对建筑能效进行评估。

现阶段能效评价软件是根据建筑围护结构的热工参数、当地的气象条件以及系统中用能设备的效率、功率等基本参数对建筑进行能耗计算，用其计算结果得到节能评价等级。而建筑物实际运行能耗是暖通空调系统中各用能设备根据建筑热性能变化所发生的能耗，其值受系统形式、输配设备与冷热源设备的匹配以及系统的自动化程度等参数影响，而这些因素无法在能耗计算软件中体现出来。因此，现有的评价结果经常出现：节能建筑不节能的情况。研究结果显示，系统形式、输配设备与冷热源设备的匹配以及系统的自动化程度等参数对大型公共建筑的能耗影响尤为明显；而建筑热性能对居住类建筑的能耗影响更加明显。而对于居住类建筑，对不同功能、档次的建筑，暖通空调系统存在着多样性，能耗分析软件一般仅可对常用系统进行计算，而对于一些非典型暖通系统尚无法准确计算器能耗量。

《居住建筑节能能效评价标准》的能效评价流程大致为：收集资料和信息、现场抽样实测、确定能耗计算参数、建立被评估建筑能耗计算模型计算其能耗值（建立节能参照建筑计算其能耗值）、计算被评估建筑物能效指数确定其能效等级和可再生能源利用等级、能效评估结果（确定是否需要改造并提出改造建议）、出具能效评价报告。

2. 上海

2008年3月上海市建设和交通委员会发布了《既有民用建筑能效评估标准》（DG/TJ08-801-2004），该地方标准是在RESNET建筑能效评价体系的基础上，结合上海地区气候条件以及上海市建筑节能工作的具体推进要求，对RESNET下的建筑能效评价方法作了适当调整和改进，建立了适用于上海地区全新的建筑能效评价方法和评价标准。该方法将现场实测的建筑性能参数与计算机模拟技术相结合、以标准使用条件下被评估建筑物的采暖空调能耗值为基础，通过与构建的"节能标准建筑"的能耗值相比较，计算出建筑物的"能效指数"，进而确定建筑物的"能效等级"，实现对建筑能效的评估。

该方法将现场实测与计算机模拟技术相结合，以无量纲的相对能耗值作为评估依据。以简洁、直观的"能效指标"和"能效等级"作为评估指标，可以为既有建筑的能效标识提供量化依据。

（1）评估指标。该方法以被评估建筑的"能效指数"和"能效等级"作为评估指标。能效指数表示建筑物能源利用效率高低的量化指标，以节能基准建筑的能耗值为100，以没有净能源输入的建筑能耗值为0。以此作为能效指数的比例尺度，每一等份代表被评估建筑相对于节能基准建筑1%的能耗差值，由此计算出被评估建筑的能效指数。能效等级反映建筑物能源利用水平的级别，能效指数低于100的建筑（符合节能标准的建筑），每10等份作为一个能效等级，从一星级到五星级，其中五星级的建筑能效最高；能效指数高于100的建筑（不符合节能标准的建筑），每50等份作为一个能效等级，从未达标Ⅰ级到未达标Ⅴ级，其中未达标Ⅴ级的建筑能效最低。能效等级的划分方法如表1.4所示。其中，"节能标准建筑"是与被评估建筑相对应的假想建筑，其外形、大小、朝向、内部空间划分和使用功能等基本信息与被评估建筑相同，而围护结构热工性能和用能设备效率等参数按照现行节能标准所规定的指标限制选取，它反映了被评估建筑按节能标准建筑时所能达到的节能水平。

表1.4　　　　　　　　　　　能效等级划分方法

能效指数范围	能效等级	相对能耗（与节能基准建筑相比）
>301	未达到Ⅴ级	>301%
>251，≤300	未达到Ⅳ级	>251%，≤300%
>201，≤250	未达到Ⅲ级	>201%，≤250%
>151，≤200	未达到Ⅱ级	>151%，≤200%
>101，≤150	未达到Ⅰ级	>1%，≤150%
>91，≤100	★	>-9%，≤0
>81，≤90	★★	>-19%，≤-10%
>71，≤80	★★★	>-29%，≤-20%
>61，≤70	★★★★	>-39%，≤-30%
≥0，≤60	★★★★★	≥-100%，≤-40%

（2）评估流程。在既有建筑能效评价方法中也规定了涉及查验房屋质量检测报告、收集基本资料和信息、现场抽样实测、确定能效计算参数等步骤的能效评估流程。另外，对于实施节能改造的既有建筑，应包括预评估和后评估两个过程。根据预评估的结果判定是否需要节能改造，并以此作为节能改造方案的设计依据。通过节能改造后的能效评估来验证节能改造的效果，并评定节能改造项目是否达到预期目标。

上述地方的能效评估技术标准及准则汇总，见表1.5。

表1.5　　　　　　地方制定的能效评估测量技术标准及准则汇总

分类	技术标准及准则名称	标准号	
产品能效	变速（变频）房间空气调节器能效限定值及能源效率等级	DB31/355－2006	
建筑能效	上海市建筑节能检测与评估标准	DG/TJ08－801－2004	上海市工程建设规范
	既有民用建筑能效评估标准	DG/TJ08－2036－2008	上海市建设和交通委员会
	公共建筑节能评审标准	DBJ/T01－100－2005	北京市建设委员会
	公共建筑节能检测评估标准	北京市地方标准 DBJ/T11－6XX－2008	

1.1.5.3　小结

（1）目前中国建筑能耗较大，建筑节能市场处于发展初期。大型公共建筑、政府办公建筑和居住建筑节能市场潜在需求旺盛，但显性需求不足，多为潜在需求，需求主体不明确，仍处于政策示范引导阶段，节能资金以政府补贴为主。需通过配套经济激励政策的引导促使其转化为有效需求。

（2）建筑节能的技术、措施和产品较多，要根据建筑的功能、能耗特点及其所处的气候区作适宜性选择。建筑节能标准已涉及建筑的设计、施工到验收整个环节，形成了建筑节能标准体系，可用于指导节能项目的评估。但结合融资标准，对节能项目的评估方法还有待进一步深入研究。

（3）对实施主体相对简单、节能技术相对成熟且有一定普及型的节能项目，比如大型公共建筑节能、政府机构建筑节能和村镇住宅可再生能源利用等项目，要予以资金支持，并分别对其建立相应融资模型，便于项目评估分析。

（4）国内能效评估标准或标识主要依照国家或地方节能标准中规定的节能要求，适用于评估新建公共建筑、居民住宅的节能，既有建筑的单栋建筑及其采暖系统和设备等改造，大部分评估方法中通过相应的能耗模拟软件或性能测试得出评价标准或标识所规定项的值，根据该值评估相应的等级，最后出具报告或者颁发能效标识的方式来给出评估结果。以政府为工作指导核心机构，能效测量或评估等工作主要委托第三方机构（比如科研检测机构等）或专家来完成。

1.2 中国建筑节能政策导向

中国建筑节能政策始于20世纪80年代。1986年3月发布了《民用建筑节能设计标准（采暖居住建筑部分）》，建筑节能率目标是30%，即新建采暖居住建筑的能耗应在1980～1981年当地住宅通用设计耗热水平的基础上降低。

1994年，建设部制定了《建筑节能"九五"计划和2010年规划》。确立了节能的目标、重点、任务、实施措施和步骤。修订《民用建筑节能设计标准（采暖居住建筑部分）》，建筑节能率目标是50%。

1996年9月，建设部召开全国建筑节能工作会议。在全国范围内部署开展建筑节能工作，执行建筑节能50%的标准。

1999年建设部76号令，发布了《民用建筑节能管理规定》。自2000年10月1日起施行。规定对建筑节能的各项任务、内容以及相关责任主体的职责、违反的处罚形式和标准等做出了规定。该规定的施行，对于加强民用建筑节能管理、提高资源利用效率、改善室内热环境发挥了积极的作用。

2005年建设部143号令，发布了修订《民用建筑节能管理规定》。自2006年1月1日起施行。

自2006年6月1日起施行《绿色建筑评价标准》。这是为了贯彻执行节约资源和保护环境的基本国策，推进可持续发展，规范绿色建筑的评价而制定的标准。该标准对绿色建筑、热岛强度等术语做了定义，建立了绿色建筑评估指标体系。

2006年9月，建设部印发《建设部关于贯彻〈国务院关于加强节能工作的决定〉的实施意见》，确定建筑节能到"十一"期末，实现节约1.1亿吨标准煤的目标。开始组织实施"十一"科技支撑计划《建筑节能关键技术研究与示范》等课题研究。

《节约资源法》于1997年11月制定，2007年10月修订，2008年4月1日施行。《节约资源法》第四条明确规定："节约资源是中国的基本国策。国家实施节约与开发并举、把节约放在首位的能源发展战略。"该法在节能管理、合理使用与节约资源、节能技术进步、激励措施、法律责任等方面做出了明确规定。关于建筑节能，该法第三十五条规定："建筑工程的建设、设计、施工和监理单位应当遵守建筑节能标准。不符合建筑节能标准的建筑工程，建设主管部门不得批准开工建设；已经开工建设的，应当责令停止施工、限期改正；已经建成的，不得销售或者使用。建设主管部门应当加强对在建建筑工程执行建筑节能标准情况的监督检查。"第四十条规定："国家鼓励在新建建筑和既有建筑节能改造中使用新型墙体材料等节能建筑材料和节能设备，安装和使用太阳能等可再生能源利用系统。"

《民用建筑节能条例》于 2008 年 7 月 23 日国务院第 18 次常务会议通过，2008 年 10 月 1 日施行。条例对新建建筑节能，既有建筑节能、建筑用能系统运行节能和法律责任等做出了明确规定。条例明确了居住建筑、国家机关办公建筑和商业、服务业、教育、卫生等其他公共建筑为民用建筑。

关于新建建筑节能，该条例规定，城乡规划主管部门依法对民用建筑进行规划审查，对不符合民用建筑节能强制性标准的，不得颁发建设工程规划许可证。施工图设计文件审查机构应当按照民用建筑节能强制性标准对施工图设计文件进行审查；经审查不符合民用建筑节能强制性标准的，县级以上地方人民政府建设主管部门不得颁发施工许可证。设计单位、施工单位、工程监理单位及其注册执业人员，应当按照民用建筑节能强制性标准进行设计、施工、监理。施工单位应当对进入施工现场的墙体材料、保温材料、门窗、采暖制冷系统和照明设备进行查检；不符合施工图设计文件要求的，不得使用。建设单位组织竣工验收应当对民用建筑是否符合民用建筑节能强制性标准进行查检；对不符合民用建筑节能强制性标准的，不得出具竣工验收合格报告。

关于既有建筑节能，该条例规定，既有建筑节能改造应当根据当地经济、社会发展水平和地理气候等实际情况，有计划、分步骤地实施分类改造。

《公共机构节能条例》于 2008 年 7 月 23 日国务院第 18 次常务会通过，2008 年 10 月 1 日施行。条例对公共机构的节能规划、节能管理、节能措施、监督和保障等做出了明确规定。

2006 年 8 月 6 日，国务院发出《国务院关于加强节能工作的决定》。决定强调，充分认识加强节能工作的重要性和紧迫性，用科学发展观统领节能工作，加快构建节能型产业体系，着力抓好重点领域节能，大力推进节能技术进步，加大节能监督管理力度，建立健全节能保障机制，加强节能管理队伍建设和基础工作。

2007年5月23日，国务院发出《国务院关于印发节能减排综合性工作方案的通知》。通知强调，充分认识节能减排工作的重要性和紧迫性，狠抓节能减排责任落实和执法监管，建立强有力的节能减排领导协调机制。关于建筑节能，方案指出："严格建筑节能管理。大力推广节能省地环保型建筑。强化新建建筑执行能耗限额标准全过程监督管理，实施建筑能耗专项测评，对达不到标准的建筑，不得办理开工和竣工验收备案手续，不准销售使用；从2008年起，所有新建商品房销售时在买卖合同等文件中要载明耗能量、节能措施等信息。建立并完善大型公共建筑节能运行监管体系。深化供热体制改革，实行供热计量收费。着力抓好新建建筑施工阶段执行能耗限额标准的监管工作，北方地区地级以上城市完成采暖费补贴暗补变明补改革，在25个示范省市建立大型公共建筑能耗统计、能源审计、能效公示、能效定额制度，实现节能1250万吨标准煤。"

2007年6月1日，国务院办公厅发出《国务院办公厅关于严格执行公共建筑空调温度控制标准的通知》。通知明确规定："所有公共建筑内的单位，包括国家机关、社会团体、企事业组织和个体工商户，除医院等特殊单位以及在生产工艺上对温度有特定要求并经批准的用户之外，夏季室内空调温度设置不得低于26℃，冬季室内空调温度设置不得高于20℃。"

住房城乡建设部为了贯彻落实国家关于节能减排和建筑节能法律法规，发布了一系列的实施意见等相关文件，2017年2月出台《建筑节能与绿色建筑发展"十三五"规划》，对推动节能减排和建筑节能工作起到了积极作用。

1.3 中国建筑节能发展方向

1.3.1 建筑节能市场特征

清华大学建筑学院副院长、中国工程院院士江亿的《我国建筑耗能状况及有效的节能途径》[5]一文统计,中国目前城镇民用建筑(非工业建筑)运行耗电为中国总发电量的22%~24%,北方地区城镇采暖消耗的燃煤为中国非发电用煤量的16%~18%。这些数值都仅为建筑运行所消耗的能源,不包括建筑材料制造用能及建筑施工过程能耗。目前发达国家的建筑能耗一般在总能耗的1/3左右。中国建筑能耗比例相对较低,一方面是由于农村建筑消耗商品能源的总量不高;另一方面是中国制造业耗能过高。随着中国城市化程度的不断提高,第三产业占GDP比例的加大以及制造业结构的调整,建筑能耗的比例将不断提高,最终加紧发达国家目前的33%的水平。根据近30年来能源界的研究和实践,目前普遍认为建筑节能是各种节能途径中潜力最大、最为直接有效的方式,是缓解能源紧张、解决社会经济发展与能源供应不足这对矛盾的最有效的措施之一。为适应中国城市化发展的需要,满足经济与社会发展对能源需求的不断增加,在建筑节能上有所突破,走出一条与发达国家不同的路,在满足对建筑物数量和质量的需求不断增长的同时,减慢建筑能耗的增长幅度,将对中国经济和社会发展的长期可持续发展有重要的战略意义。

目前中国建筑节能市场特征具体有以下7个方面。

(1)建筑节能市场潜力巨大,吸引着众多投资者的建筑节能行业在中国是一个新兴行业,起步不久,具有很大的成长空间。近年来,我们政府不断加强对建筑能耗的审核和限制,相关标准规范也将颁布实施,这将有力地促进中国建筑节能技术及其市场的形成和发展。不少投资者看重这个市场的巨大潜力,目前已有一些建筑节能服务公司(ESCO)已开始运营,许多进入中国的外资电能效率服务和管理行业的节能服务公司也开始把目光转向建筑节能。

(2)市民节能意识增强,但普及程度不够,随着政府建筑节能工作力度的加大和居民生活水平的提高,市民的节能意识逐渐在增强,特别是具有建筑相关专业背景的人节能意识较强。其中建筑设计人员的节能意识总体明显高于物业管理人员,但一般的市民节能意识还有待进一步加强。

(3)建筑节能服务需求较强,但缺乏专业的服务人才。根据黄俊鹏等人在《知识经济时代的建筑节能》[6]一文中提到,现有的大楼节能措施78%是由大楼物业管理部门的技术人员实施的,但中国的物业管理人员的技术水平参差不齐，仅凭经验对大楼设备做出相应的改进，没有从建筑围护结构、建筑环境与设备整体出发，系统考虑建筑的能耗问题。同时，目前进入中国建筑节能领域服务的公司较少，进入市场时间也不长，并且缺乏专业的节能技术，例如将变频等同于节能，将局部节能等同于系统节能，采取节能措施后，往往不能获得期望的经济效率。

（4）缺乏科学、合理、适用性强的建筑节能评价体系。对已有建筑，中国还缺乏统一的评价标准去规范和衡量其使用能耗，建筑能耗的判断，实施改造后的能耗评价都存在着一定的困难；已有的节能标准和法规，也因为没有与之相配套的评价工具，实际执行过程中也只能流于形式。效益的评价无法可依，也使有节能意向者望而却步，建筑节能服务公司推广大型项目阻力很大。

（5）缺乏经济政策的市场激励，建筑节能在经济层面上涉及初投资、运行费、维修费、改造费等眼前利益与长远利益的权衡与取舍。一方面，建筑节能可以降低能耗费用，降低运行成本；另一方面，节能设计使得初期投资增加，节能效益并不能立刻体现出来，业主对于一次性投资过大能否收回存在着不少疑虑。由于节能措施会增加建筑的初投资，因此设计者必须尊重投资商的选择，并根据他们的意见确定设计方案，但是开发商更关注的是节省初投资。

（6）节能受益主体不明确，节能缺乏积极性，在节能服务购买决策过程中，物业的能源管理部门所提出的建议起着关键性作用。但物业和业主是服务和被服务的关系，物业按合同收取报酬，运行能耗的多少与他们的收入无关。因此，他们虽然有节能的体验和意识，但缺乏实施节能的动力。而与直接利益挂钩的业主或用户则因为个体分散、所得利益不统一，从而对节能缺乏积极性。

（7）合同能源管理（EMC）模式开始在国内市场实践。合同能源管理采用服务方投资、节能利益与业主共享的模式，可以解除业主的投资困境和风险，在国外已非常流行，但目前在国内还是处于探索阶段。

基于上述建筑节能市场特殊复杂性，给建筑节能市场项目融资也带来机遇与挑战。

1.3.2 中国建筑节能服务需求

目前中国正处于城市化高速发展的过程中。根据清华大学建筑学院副院长、中国工程院院士江亿的《我国建筑耗能状况及有效的节能途径》一文数据，为适应城镇人口飞速增加的需求和继续改善人民生活水平的需要，在2020年前中国每年城镇新建建筑的总量将持续保持在10亿 m^2/a 左右，在今后15年间新增城镇民用建筑面积总量将为 100~150m^2。由于人民生活水平提高，采暖需求线不断南移，将新增加约70亿 m^2 以上需要采暖的民用建筑（包括北方新建建筑和中部地区既有建筑增加采暖要求）。在新建建筑中约有10亿 m^2 为大型公建。按照目前建筑能耗水平，与目前状况相比，2020年将需要增加标煤1.4亿T/a用于采暖，增加4000亿~5000亿 kWh/a 用电量用于建筑运行用电。这将成为对中国能源供应的巨大压力。

另据张学凤在《节能在建筑设计中的重要作用》[7]一文中指出，在实施建筑节能标准之前中国北方城镇建筑冬季采暖平均热指标在 30~50W/m^2，为北欧相同气候条件下建筑采暖能耗的 2~3 倍。新建建筑通过改进建筑设计、加强围护结构保温和有效利用太阳能，可使建筑采暖需热量降低至目前的1/2甚至1/3，采暖标煤耗量可仅为 6~7kg/m^2。目前北方城镇建筑近60%采用不同规模的集中供热系统供热。由于调节不当导致部分建筑过热、开窗散热造成的热量浪费平均为供热量的30%以上。部分小型燃煤锅炉效率低下也是造成能耗过高的原因之一。通过更换供热方式，改善管网系统的调节、提高热源效率，现有建筑的采暖能耗也可以在目前水平上降低30%。这样，对新建建筑全面采用节能措施，对现行的供热系统进行节能改造，可以使得到2020年尽管民用采暖建筑面积为目前的2倍，采暖能耗总量却可与目前基本相同，这将大大缓解届时对能源供应的压力。除采暖外，该文中也提到，住宅能耗中的用电量为 10~30kWh/m^2 年，随生活水平的提高目前呈上升趋势；生活热水能耗在大城市中也逐渐加大。推广节能灯和节能家电对降低住宅电耗有重要作用；改进建筑设计、降低夏天空调能耗，也可以使住宅电耗减少 3~5kWh/m^2 年。及时开发和推广高效的家用生活热水装置，可避免由于生活热水需要量的不断增长所导致的住宅能耗新的增加。对现有住宅的照明和用电设备实行节能改造，对新建住宅从建筑形式、通风遮阳等方面全方位采取措施，可以使得在增加80亿平方米新建住宅后，除采暖外的住宅能耗总量在目前基础上增加50%，维持在2000亿kWh/a内。

从建筑物性质来看，一般性非住宅民用建筑的能源消耗性质接近住宅，其照明和电器耗电更大，但炊事和生活热水能耗更小。在既有建筑中通过改进技术和改善管理，全面推行各项照明节电措施，采用高效率用电设备，可以使用电量降低30%；在新建建筑中通过改进设计可进一步降低空调和照明能耗，从而使用电量为目前平均水平的一半。这样有可能在新增60%～70%此类建筑后，这一类建筑非采暖能耗的增加不超过10%。

值得注意的是大型公共建筑。此类建筑目前仅占城镇总建筑面积的5%～6%，但其用电量为100～300kWh/m² 年，为住宅建筑的用电量的10倍以上（不包括采暖）。在中国大型和特大型城市，这类建筑的总耗电量大于当地住宅的总电耗。早在"九五"到"十五"期间中国城市建设的重点是住宅建设，但目前已逐渐转向此类大型公共建筑。仅以北京为例，20世纪80年代初至2003年，北京建造的大型公共建筑仅为2070平方米。然而由于奥运工程，中关村新区，CBD区和丰台区总部基地的大规模建设，到2008年北京的大型公共建筑面积已经翻番。由于其一平方米用电超过10平方米住宅的用电量，这种变化将导致建筑用电量的急剧增加。因此必须采取有效措施，抑制这部分能耗的增加。否则至2020年仅新建的大型公共建筑用电量就会达到2000kWh/a。此类建筑中，空调用电占40%～60%，照明用电25%～35%，其余为电梯和电器设备。与发达国家相比，中国此类建筑的平均能耗值高于日本水平，与美国的平均值大体接近。然而，据调查，中国同一地区同一性质的此类建筑，电耗差别最大可达50%。因此对落后者来说，也有很大的节能潜力。在此方面，我们绝不能照搬北美或日本的办法，否则就会带来电力供应的巨大问题。必须探索新的更有效的大型公共建筑节能途径。研究表明，当在建筑、空调、照明等方面采用先进技术，产生创新性的突破时，对于新建大型公共建筑也可使电耗降到目前水平的40%以下，而对空调系统，照明等采取全面的改进措施后，现有建筑的电耗也有可能降低30%～40%。这样，可以在大型公共建筑在目前的拥有量基础上增加150%后，总的用电量仅在目前的水平上增加20%～30%。

综上所述，当没有采取有效的建筑节能措施，基本维持目前建筑能耗水平时，与目前能耗总量相比，到2020年中国需要新增采暖用煤1.4亿T/a，新增建筑用电4000亿~4500亿kWh/a。而采取有效的节能措施后，有可能在同样的新增建筑量的条件下，基本不增加采暖煤耗，建筑用电总量仅增加1100亿~1300亿kWh/a。所节约的燃煤量约为中国目前煤炭总产量的10%，所节约的电力约为三峡全面建成后年发电总量的4倍。因此建筑节能应是解决中国经济和社会发展与能源供应不足这一矛盾的重要措施。

按照前述分析，中国建筑节能的重点应为：通过改进建筑围护结构和采暖系统，以降低采暖能耗；通过改善自然采光，改进照明灯具和其他电器的效率，减少住宅和一般非住宅建筑用电量；通过改进建筑设计，系统设计及系统运行管理，降低大型公共建筑的能耗。这三个节能的主要任务对实现前述建筑节能的宏大目标的贡献大致为：45%、25%、30%。

具体不同建筑类型的技术服务需求分析如下：

1. 大型公共建筑的节能服务需求分析

根据公共照明、设备、空调系统的电耗用能特点，将公共建筑划分为普通公共建筑和大型公共建筑。清华大学薛志峰、江亿在《北京市大型公共建筑用能现状与节能潜力分析》[8]一文中提到，大型公共建筑是指建筑面积超过2万平方米且采用集中空调系统的公共建筑。大型公共建筑是指建筑能耗总量巨大。以北京市为例，各类大型公共建筑的全年耗电平均约为150kWh/m^2，是普通城市住宅单位面积用电量的10~15倍。除了用途、结构差异之外，大型公建能耗高的原因主要有两方面：①大型公共建筑在投入使用前阶段的"先天不足"，如建筑设计和建筑材料不符合建筑节能要求，建筑围护结构的保温隔热性能差，供暖供热、空调、电梯、照明灯用能设备为非节能产品以及选型过大；②投入运行阶段缺乏节能管理，造成大型公共建筑普遍存在冬季过热、夏季过冷的不合理用能现象。同样以北京市为例，综合各项节能措施，北京市大型公共建筑的节能潜力为30%~50%，节能效果相当可观。因此对大型公共建筑实施节能改造，可提高大型公共建筑的能效管理水平，对降低建筑能耗起到积极的推动作用。

从大型公共建筑节能改造的外部环境看，由于能源价格的上涨，越来越高的能耗费用支出也向大型公共建筑用能设备的节能运行管理提出了挑战，如何降低能耗支出、降低运行成本成为越来越迫切的需求。正在实施的建筑能耗监测、能耗统计、能耗审计和能效公示制度将为大型公建的节能改造提供制度约束，为开展节能服务提供了重要契机。综合各种因素，未来几年内，大型公共建筑的节能需求将逐步显现。而在当前情况下，这部分需求尚不明朗。如何将这部分潜在节能需求转变为现实的节能需求是现阶段中国建筑节能需要面临的一个问题。显然，仅依靠现有的试点改造模式满足不了庞大的大型公建改造需求，从资金层面来说，完全依赖政府推动也不现实。根据国外经验，节能服务市场机制由于其自身特有的通过降低能耗直接获得收益、合同双方的"双赢"特征，可使该部分节能需求得到有效满足。因此，对于中国建筑节能服务市场来说，通过节能服务市场来实现节能需求也将是今后的发展趋势。从市场经济的角度分析，只有通过市场"无形的手"才能实现对资源的有效配置。在建筑节能服务市场上，通过价格、信用机制等制度的共同作用，需求方的需求与攻击方的服务才能达到均衡状态。因此，建筑节能服务市场机制将是实现中国大型公共建筑节能改造需求的重要方式。

2. 政府机构建筑的节能服务需求分析

政府机构建筑和相关设施通常是一个国家能源产品和服务的重要消费者和最大使用者，因为政府办公建筑的能耗费用支出完全来自财政支出，所以政府机构节能不仅可以减少公共财政开支，有效推动节能新技术、新产品的推广应用，而且能够起到示范作用。

而政府办公建筑的建设高峰集中在建筑节能设计标准实施前，多为不节能建筑，因此应作为既有节能改造的重点之一。而政府在改造的专业技术和能力以及融资渠道方面并不具备优势，因此进行节能改造应通过专业化的节能服务市场来进行。另外，由于节能服务公司的主要节能受益来自能耗费用的节约，而政府市场主要需求主题之一，发展较为成熟的节能服务市场均把政府机构建筑作为重要的需求来源。根据美国加利福尼亚州能源委员会的研究报告，能源服务公司的客户比例中，接近一半的ESCO客户来自公共机构，包括学校、当地政府、州政府和联邦政府，其中学校占据最大份额。

中国已对政府机构建筑实施多项节能管理制度，以保障政府机构建筑节能的顺利实施。因此，政府机构建筑的节能服务需求也是中国建筑节能服务市场需求的重要组成部分之一。

3. 居住建筑的节能服务需求分析

目前，中国北方采暖地区90%以上的既有居住建筑是高能耗建筑，其中采暖能耗约占中国建筑总能耗的36%（数据参考江亿《我国建筑能耗趋势与节能重点》一文）[9]。面对既有建筑存量大、能耗高的现状，对居住建筑的节能改造也刻不容缓。由于居住建筑基本不涉及大型用能设备，较少涉及节能运行管理（集中供热的锅炉设备除外），所以对居民楼进行节能改造所得到的收益与收入的费用相比微乎其微，甚至可能投入远高于收益，因而按照传统的节能服务内容分析，中国居住建筑的潜在需求较小。但是，中国北方地区出现了新的节能服务模式：能源站的BOT模式，即居住建筑集中供热的热力站或锅炉房交给专业化的能源服务公司管理，同时将能耗费用托管，其实质是合同能源管理机制在中国北方采暖地区居住建筑应用的一种具体形式。

由于较好地适应了地区特征，尽管也面临诸多障碍，但从长期来看，能源站的BOT模式不失为合同能源管理模式在中国居住建筑节能改造领域的有益探索，具有较好的发展潜力。

1.3.3 中国节能建筑的未来发展

根据能源世界网预测，到2020年，中国至少将建成5000个超低能耗建筑，建筑面积超过1亿平方米，产业规模将达到千亿元级，促进建筑规划、设计、施工、咨询、建材、设备行业的全面升级换代，使中国建筑节能工作逐步迈入超低能耗的4.0时代。

1. 超低能耗正在成为全球建筑节能的发展趋势

被动式超低能耗建筑是国际上近年来快速发展的能效高且居住舒适的建筑，在日益严重的能源危机和环境污染的背景下，它是应对气候变化、节能减排的最重要途径，代表了世界建筑节能的发展方向。

全球气候变化是当今世界以及今后长时期内人类所面临的最严峻的环境与发展挑战，建筑是节能减排、应对气候变化最重要的领域之一。国际上建筑节能技术进步非常快，已从低能耗建筑向被动式超低能耗建筑到产能建筑上发展。

在过去的10多年中，被动式超低能耗绿色建筑作为一种低能耗和极高舒适度的节能建筑,被一些国家和组织确定为国家住宅标准或未来城市发展规划的方向,成为国际上节能建筑的潮流和趋势,在世界各地得到高度关注和迅速推广应用。中国建筑科学研究院环能院院长徐伟提到,各个国家关于零能耗建筑的定义、名称、路线、政策、推广方式不尽相同,但主要发达国家和经济体政府相继制定了迈向零能耗建筑的发展目标,都在寻找适合本国的零能耗建筑发展的技术体系和优化路径。

被动式超低能耗绿色建筑,已然站到了世界节能建筑领域的最前沿。对于能源与环境压力很大的中国,被动式超低能耗建筑受到重视并走上台前,不仅具有现实意义也是必然的。

2. 政策支持、技术引领,全国超低能耗建筑获得大力推广

代表世界建筑节能发展方向的被动式超低能耗绿色建筑,其特点顺应了中国生态文明建设和新型城镇化建设的需求,自2009年登陆中国,便受到了住房城乡建设部的高度重视。

2016年2月,中共中央、国务院印发的《关于进一步加强城市规划建设管理工作的若干意见》明确提出发展被动式房屋等绿色节能建筑。这是首次在国家文件中明确发展被动式建筑。据相关人士透露,2016年国家工程标准计划《近零能耗建筑技术标准》已经立项,预计2018年完成报批,2019年实施。而住房城乡建设部将研究制定推动被动式超低能耗绿色建筑发展的激励政策,鼓励更多的开发商建造被动房。

3. 绿色建材迎来发展新机遇

发展绿色建材是支撑绿色建筑行业发展的基础,是传统建筑材料产业转型发展的有效着力点。供给侧结构性改革是建材工业发展的重要任务和方向,《国务院办公厅关于促进建材工业稳增长调结构增效益的指导意见》对建材工业加快转型发展提出了明确要求。"十三五"期间是建材工业结构调整、转型升级的关键时期,面对新常态,建材工业必须找到新的发展方向、重点和抓手。绿色建材是在全生命期内,减少对自然资源消耗,减轻对生态环境影响,具有"节能、减排、安全、便利和可循环"特征的建材产品。绿色建材必然成为建材工业推进供给侧结构性改革、促进稳增长调结构增效益的有力抓手,即将印发的《建材工业发展规划(2016~2020年)》也将推广应用绿色建材列为重点工程。

第 2 章
中国建筑节能融资概况

2.1 国内建筑节能融资的需求规模

根据中国建筑节能市场的服务需求,可从大型公共建筑节能服务、政府办公建筑节能服务、居住建筑节能服务、可再生能源示范等 4 个方面来分析国内建筑节能融资的资金需求,具体如下。

2.1.1 大型公共建筑节能服务的资金需求分析

相比较而言,大型公共建筑的业主较为集中,节能改造的决策权集中,因而如果有较好的节能改造收益,大型公共建筑节能服务的资金需求尽管较高,但实施起来会相对容易。

2.1.2 政府办公建筑节能服务的资金需求分析

对政府办公建筑而言,能源消耗费用由政府承担,使用者本身不具备判断能耗状况的能力,也不很关心能源的费用。相反,进行节能改造要影响建筑使用,要经过比较烦琐的审批程序,要承担改造风险,而节能改造并不能给使用者带来经济效益,使用者缺乏积极性。在节能减排的政策环境下,政府办公建筑节能服务的资金需求较易满足,但如何有效利用该部分节能服务资金需做进一步探讨。

2.1.3 居住建筑节能服务的资金需求分析

中国居住建筑产权多样化,业主涉及政府、企事业单位和个人,房屋状态包括自有、租住或两者兼备;居住建筑由于房龄相差较大,因而改造意愿很难统一,改造难度较大。居民愿意承担的改造成本集中于10%左右。居住建筑节能服务的资金需求较难满足,与前两类建筑类型的节能服务相比,节能服务开展难度较大。从目前各城市的居住建筑节能服务实践来看,加强新建建筑节能监管和既有建筑节能改造示范是目前中国居住建筑节能的主要方式,且取得较好效果。其中既有建筑节能示范采取市、区两级财政补贴和个人出资相结合的改造方式受到居民的普遍欢迎。但是该方式的可持续性目前仍需进一步探讨。

以在北方地区开展既有建筑节能改造效果较好的北京市为例,目前的既有建筑节能改造主要侧重于农村建筑的节能改造,因为农村建筑的产权相对较为集中,补贴对象和受益主体相对明确,因此资金补贴的操作步骤简单,实施得较为顺利。与此形成对比的是,北京城区居住建筑的节能改造目前仍以示范为主,尚未大规模推广,居住建筑资金补贴的难度由此可见一斑。

2.1.4 可再生能源示范的资金需求

近几年来,节能与新能源产业在中国发展逐步加快,但是发展的过程中仍然面临着诸多制约因素,其中,资金缺乏是主要因素。由于在传统节能投资方式下,节能项目的所有风险都由实施节能投资的企业自身承担,所以,潜在的巨大风险一直让众多项目无法及时实施,进而也制约了中国节能经济的发展。这都迫切要求中国在节能产业融资模式和机制上有所突破。

随着2011年《财政部 住房城乡建设部关于印发可再生能源建筑应用城市示范实施方案的通知》(财建〔2009〕305号)、《财政部 住房城乡建设部关于印发加快推进农村地区可再生能源建筑应用的实施方案的通知》(财建〔2009〕306号)、《关于组织申报2010年可再生能源建筑应用城市示范和农村地区县级示范的通知》(财办建〔2010〕34号)、《关于进一步推进可再生能源建筑应用的通知》(财建〔2011〕61号)等一系列文件出台,中国政府逐步加大了对可再生能源的支持力度。

从投资的需求规模来看,根据美国能源基金会与国家发展改革委的联合预测,就整个行业来说,2005~2020年,中国需要能源投资18万亿元,其中节能、新能源、环保占能源需求的40%,约7万亿元,平均每年节能环保市场规模为3000亿~4000亿元[1]。

从资金的投入规模来看,中国新能源的投资在2007年投资总额达到760亿元人民币,名列世界第二,仅次于德国的140亿美元[2]。尽管如此,中国节能与新能源行业的发展依然处于起步阶段,产业规模和技术研发仍然处于较低的水平,根据新能源初期研发成本高的特点,其投资规模是远远不够的。

因此,按照目前行业的投资增长速度来计算,每年的资金缺口大约在2000亿元。预计到2020年至少有2万亿元的资金缺口需要填补。由保尔森基金会、能源基金会(中国)和中国循环经济协会可再生能源专业委员会共同撰写的《绿色金融与低碳城市投融资》研究报告提出,"十三五"期间中国需要投资1.65万亿元人民币(约2540亿美元),用于支持新建绿色建筑以及对现有住房和商业建筑进行大规模节能改造[3]。这与预计总体相符合。

2.2 建筑节能融资重点支持领域

如前所述,与建筑节能有关的途径主要有:北方采暖区供热计量、可再生能源集中连片示范与节能改造和合同能源管理等,具体如下。

2.2.1 北方采暖区供热计量与节能改造

北方采暖区供热计量与节能改造奖励政策方面,"关于进一步深入开展北方采暖区既有居住建筑供热计量及节能改造工作的通知"(财建〔2011〕12号)中指出,到2020年前基本完成对北方具备改造价值的老旧住宅的供热计量及节能改造;各省(区、市)要至少完成当地具备改造价值的老旧住宅的供热计量及节能改造面积的 35% 以上,鼓励有条件的省(区、市)提高任务完成比例;地级及以上城市达到节能 50% 强制性标准的既有建筑基本完成供热计量改造;完成供热计量改造的项目必须同步实行按用热量分户计价收费。

根据《中国建筑节能年度发展研究报告》(2011 年)显示,1996~2008 年,北方城镇建筑面积从不到 30 亿平方米增长到超过 88 亿平方米,增加了 1.9 倍[4]。一方面是城镇建设飞速发展和城镇人口增长造成的必然结果;另一方面是有采暖的建筑占建筑总面积的比例也有进一步提高,目前北方城镇有采暖的建筑占当地建筑总面积的比例已接近 100%。据统计,2008 年北方城镇供暖能耗约占全国城镇建筑总能耗的 23%,是建筑能源消耗的最大组成部分,与发达国家差别较小。到 2020 年,中国北方城镇建筑规模有可能增加到 120 亿平方米,如果维持现有采暖的能耗水平,仅采暖一项每年将消耗 2 亿吨以上的标煤。因此,从总量来看,北方城镇采暖是中国建筑节能潜力最大的领域,应该成为实现中国建筑节能目标的最重要和最主要的任务。

2.2.2 可再生能源集中连片示范

"十三五"期间以及未来较长时期内,中国经济将依然保持中高速增长,必然会带来产能大量增加,这预示存在着巨大的节能潜力和潜在的投资收益。在未来的中长期内,经济稳定发展促进产业结构进一步优化升级,使得新能源必将发挥优势。根据国际能源机构预测,到 2020 年可再生能源在全球能源消费中的比例将达到 30%。

目前,政府主要集中在可再生能源集中连片示范工程的增量成本补贴,推动以太阳能、地热能等为主的可再生能源示范项目。例如,2006 年 9 月财政部和建设部联合发布的《可再生能源建筑应用专项资金管理暂行办法》中规定:"财政部、建设部根据示范工程的增量成本、技术先进程度、市场价格波动等因素,确定每年的不同示范技术类型的单位建筑面积补贴额度"。此外,"关于进一步推进可再生能源建筑应用的通知"(财建〔2011〕61 号)中指出:推动可再生能源在建筑领域规模化、高水平应用,促进绿色建筑发展，加快城乡建设发展模式转型升级；到2020年，实现可再生能源在建筑领域消费比例占建筑能耗的15%以上；开展可再生能源建筑应用集中连片推广，进一步丰富可再生能源建筑应用形式，积极拓展应用领域；新增可再生能源建筑应用面积25亿平方米以上，形成常规能源替代能力3000万吨标准煤。

2.2.3 合同能源管理

合同能源管理奖励政策方面，国办发〔2010〕25号"关于加快推行合同能源管理促进节能服务产业发展意见的通知"文件精神指出：扶持培育一批专业化节能服务公司，发展壮大一批综合性大型节能服务公司，建立充满活力、特色鲜明、规范有序的节能服务市场。同时，"合同能源管理项目财政奖励资金管理暂行办法"（财建〔2010〕249号）也明确，支持采用合同能源管理方式实施的工业、建筑、交通等领域以及公共机构节能改造项目，中央财政奖励标准为240元/吨标准煤，省级财政奖励标准不低于60元/吨标准煤。

2.3 节能减排融资在中国的发展现状

2.3.1 中国节能减排融资的主要特点

1. 节能减排资金主要供给者是政府

在中国，目前资金来源构成：节能减排的资金主要支持者一方面是企业自有资金；另一方面是政府的财政资金。中国的节能减排企业主要是一些中小企业，其特点是：中小企业的自有资金量不足，因此所需的建设资金数量受到影响。我们国家节能减排资金主要供给者是政府，政府在节能减排资金方面扮演重要角色导致在节能减排方面投入的资金对政府的依赖性，而政府方面的财政资金也有限度，获取资金的条件、审批程序等有严格限制。综上分析。现阶段，中国的节能减排资金总量方面存在严重的不足问题。

2. 节能减排融资效率不高

长期以来，政府投资建设是中国节能减排投融资采用的基本模式，项目建成之后的运营管理权移交其下属事业单位，这一模式具有政府垄断的特点，不能形成竞争机制，也不能保证运营的效率。

3. 节能减排资金的支持者是商业银行贷款

我们国家节能减排产业的发展比发达国家起步晚，目前节能减排融资的主要方式是传统的商业贷款，还没有专门针对节能减排项目的金融产品。这对节能减排产业融资的开展极为不利，同时对节能减排产业的发展产生极大的制约作用。

在节能减排投融资的过程中，政府投资形成的垄断或政策性金融使得社会上的其他投资主体无法进入其中；支持节能减排资金的信贷模式是传统的商业银行贷款。上述特点使得融资领域中市场竞争机制不强，投资效率不高。

2.3.2　中国节能减排主要融资方式及其问题

1. 国家财政资金融资

节能减排产业的发展会在极大程度上促进社会进步、推动社会公益事业的发展，政府有责任也有必要在资金上对其进行支持。但是，节能减排产业的发展并不能过分地依赖政府资金。主要原因是，与发达国家的财政资金相比，中国的财政资金比较紧张，另外由于受目前总体经济水平的限制，中国在相当长的一段时间里，对节能减排的财政资金投入无法大幅增加。

另外，国家的政策性拨款和资助的资金是属于无偿的投入，若政府的支持过多，会造成企业严重的依赖心理，导致企业缺乏强化资金运营的压力，进而破坏市场竞争秩序的公平。所以，节能减排产业的发展不能过分依赖财政资金的支持。

2. 信贷融资

信贷融资是指企业为满足自身生产经营的需要，同金融机构主要是银行签订协议，借入一定数额的资金，在约定的期限还本付息的融资方式。

(1) 政府担保贷款与贴息贷款。为了使节能减排企业向银行贷款难的局面得到解决而由政府出面协调产生的贷款方式有政府担保贷款和政府贴息贷款等。

①政府担保贷款。担保贷款，是指由借款人或第三方依法提供担保而发放的贷款。担保贷款包括保证贷款、抵押贷款、质押贷款。而政府担保贷款则是指由政府单独出资，或者政府与节能减排企业协作组织共同出资成立的融资担保公司，专门解决节能减排企业融资困难问题，为企业提供担保，从而使节能减排企业能够拿到商业银行的贷款。

②贴息贷款。国家为扶持节能减排产业，对节能减排产业的贷款实行的利息补贴称为贴息贷款。贴息贷款的具体做法是在企业的贷款过程中，由银行出钱，企业用钱，企业到期负责还本，而利息由政府支付。根据政府支持程度的不同，政府可能支持全部的利息或仅支持一部分利息，政府的贴息贷款降低了企业融资成本，同时减轻了企业负担。

在帮助解决节能减排企业融资中遇到的部分难题上，政府信贷支持的优点是显而易见的，但同时也存在着政府审批手续烦琐和运行中效益低下，而且政府面临着高额的费用支出，不仅要为企业支付银行贷款的利息，同时还要支付担保公司方面贷款融资的费用，所以只能解决一小部分节能减排企业的融资困境。

(2) 银行贷款。中国资本市场还不够发达，目前中国中小企业以向银行借款的信贷融资方式筹集资金来解决自身的资金需求问题，在中国企业融资总额中所占的比例逐年攀升。普遍而言，银行为提高借款的经济效益、保证信贷资金的完整性并且减少相应的风险，都有一系列较为严格的贷款审批程序，节能减排企业在贷款时需要参照执行。目前中国中小型节能减排企业很大一部分因为达不到信用贷款的标准，都需要提供担保，但多数节能减排企业能提供担保的资产很少，银行普遍不愿意为其发放贷款，造成了节能减排企业普遍贷款难的局面。

3. 资本市场融资

(1) 节能减排企业直接上市融资。资本市场在筹集资金和合理配置资源方面有着不可替代的作用。资本市场的多次筹资功能可以在资金量上极大地满足节能减排企业的需要，同时节能减排企业的上市筹资愿望可以促进其调整和优化公司内部法人治理结构，使其符合现代企业制度的要求，从而进入更加成熟和健全的发展轨道。国外许多节能减排企业的成功发展都极大程度地依赖于资本市场。

此外，节能减排企业通过直接上市发行股票和股权回购等一系列相关的资产经营活动，使得风险资本的退出和增值也更加安全有效。

（2）节能减排企业间接上市融资。间接上市又指"买壳上市"，是指非上市公司购买一家上市公司一定比例的股权来取得上市的地位，然后注入自己有关业务及资产，实现间接上市的目的。间接上市有效避开了企业所在地监管机构和证券市场所在地的监管机构的双重审查，间接上市的成本比较低，在运作得当的基础上，是可以实现零成本收购、进入资本市场最为便捷的方式。

一般而言，买壳上市是企业在直接上市无望下的无奈选择。与直接上市相比，在融资规模和上市成本上，买壳上市都有明显的差距。所以，买壳上市为企业带来的利益和直接上市其实是相同的，只是由于成本较高、收益又较低，打了一个折扣而已。上市的收益主要有资金和形象两方面。

（3）创业板为节能减排企业提供平台。中国创业板的板块得以建立，为节能减排企业的融资问题提供了更好的契机。相对于现有的主板市场，创业板市场在交易、信息披露、指数设立等方面，都将保持一定的独立性。一般而言，主板市场对上市公司股本规模起点要求较高，并且有连续盈利的要求，而创业板作为主要服务于高新技术企业的市场，在这些方面的要求相对较低。创业板可以为中小企业搭建直接融资的平台，有效解决其融资难的问题，从而为中小企业的发展拓展空间。创业板的建立有利于中国多层次资本市场体系的建立和完善。

4. 风险资本投资

企业吸收风险投资的优点：首先，风险投资最明显的特点就是追求高收益，愿意承担相对较高的风险。风险投资看好的是投资对象的高增长性，节能减排企业符合国家的长远目标，具有好的发展前景和高增长性，符合风险投资的投资要求。其次，风险投资具有咨询和管理输出的能力，能弥补节能减排企业在管理等方面的不足。最后，风险投资主体不谋求对节能减排企业的控制权，可排除节能减排企业在控制权方面的顾虑。

企业吸收风险投资的缺点：首先，风险投资公司的规模一般较小，实力不够雄厚，所以为风险投资公司提供服务的中介机构不多；其次，中国目前熟悉风险投资的人才相对匮乏；再次，在风险投资的发展领域里，有关法律法规还不够健全；最后，风险投资缺乏有效退出渠道。

2.3.3　中国节能减排融资困境的具体表现

节能减排产业融资困境，主要表现在以下4个方面。

（1）节能减排投资总量不足。节能减排资金投入不足，成为制约中国节能减排工作的重要原因。节能减排投资总量不足的状况有较深的体制性因素，中国节能减排产业目前还没有建立多元化的融资机制，融资来源渠道相对单一，融资模式已无法与中国当前社会经济发展对节能减排产业的客观需求有效结合。

（2）现行的银行贷款资金，无论是数量上还是种类上都难以满足节能减排企业在不同发展阶段的需求。节能减排企业开拓市场所需的大量资金没有专门的来源，长期贷款严重不足，制约着节能减排企业的持续发展。

（3）节能减排产业的融资担保系统还没有建立。节能减排企业中，有很大一部分融资单位不能获得银行的信贷支持是由于缺乏有效的抵押或担保。在融资担保上，中国的节能减排企业面临的困难主要表现在以下三个方面：第一，融资机构资金规模不大，担保作用不明显，而且融资担保机构业务的收入少，担保机构提供担保的积极性不高。第二，分散和化解风险的机制没有建立。一是缺乏再担保措施和中介辅助机构；二是与银行分担风险的共同体没有建立；三是在政策上缺乏对融资担保风险的补偿措施。第三，融资担保系统的法律环境还不够完善，担保机构有负担不属于自身责任范围内债务的风险。

（4）资本融资市场的发展不够成熟。中国资本市场融资开发较晚，证券市场的相关机制还不够完善。虽然创业板的成立为中小企业提供了更多的资金融通的渠道，但是相关机制还不够完善，有待进一步的调整。

综上所述，由于中国节能减排投资总量不足、信贷支持不完善、担保系统未建立、资本市场不够发达，中国节能减排企业在融资方式上主要还是以传统的方式为主，在很大程度上制约着节能减排产业的发展。

2.3.4 中国节能减排融资困境存在的原因

节能减排企业比其他传统企业在融资上相对而言要困难得多，特别是处在创建和扩展阶段的节能减排企业，融资困境更加突出。融资困境的存在，主要取决于企业自身、资金供给方和市场三方面因素。普遍情况下，市场因素的变化在一定阶段内是有限的，此时的融资能力就主要取决于另两个因素，即企业自身与资金供给方。企业是经济活动中最活跃的参与者，要先于资金供给方和市场两个因素的变化而发生变化。企业、资金供给方和市场三者之间不同步的变动，使企业融资活动受到一定程度的限制。下面分别从这3方面因素分析节能减排融资困境存在的原因。

1. 从节能减排企业本身的特点分析

一般来说，中小节能减排企业更需要融资来解决资金问题。但与其他能源项目上亿元投资相比，节能减排企业需要的贷款数额并不算大，这就增加了银行贷款的单位经营成本和监督费用。并且，当前节能减排企业在中国的发展尚属起步阶段，自身的资质不够，融资担保也不足。

2. 市场因素的影响

世界银行对节能减排产业的相关调查显示，市场机制对实现节能减排可以起到的作用仅仅为20%。究其原因主要有四个方面：首先，环境污染并没有被纳入能源生产和消费的成本中去。其次，节能减排技术在研究开发利用上的投资具有公共性质，因为效益外溢的存在，私人公司不愿意对其进行投资。再次，市场上节能产品的"信息不对称"现象导致了消费者对节能产品的相关信息缺乏正确的了解，影响节能产品的推广使用，使节能减排企业缺乏竞争力。最后，由于对于节能减排做得好的企业缺少更多的鼓励性经济扶持政策，不能有效吸引企业加大节能减排投入，影响了节能减排企业的发展和运营效率[5]。

3. 从资金供给方分析

从银行方面来说，节能减排项目虽然发展很快，但目前还没有形成产业规模，介入之后银行所要承受的机会成本是不容忽视的。为规避和降低经营风险，银行对节能减排项目态度比较冷淡。另外，节能减排信贷标准多为综合性和原则性的，缺少具体的指导目录与环境风险评级标准，商业银行难以制定相关的监管措施和实施细则，从而降低了信贷措施的可操作性。最后，节能减排的专业性很强，目前对节能减排信贷支持中涉及的准入、技术、排放、能源消耗和循环利用能力等标准，尚无完备的规定，这使银行在控制"三高"企业贷款时难以识别和界定，而且目前银行对节能减排项目的服务还停留在传统的贷款模式上，缺乏具有针对性的金融产品。

从民间资本方面讲，民间资本投资上同样是以盈利为最终目的，对于无法立竿见影获得利益的节能减排项目也缺乏兴趣。另外，民间资本分散比较单薄，对节能减排项目的投入存在点多面少的现象，不能形成规模化效应。即使在民间资本参与减排项目后，也希望能获得银行贷款。如此节能减排企业因缺乏资金而使经营活动处处受限。

2.3.5 应对节能减排融资困境的措施建议

1. 完善相关政策，优化建筑节能企业融资环境

根据国家顶层设计，结合实际，因地制宜完善相关政策，加大对建筑节能企业的支持力度。建立扶持建筑节能企业发展的专项资金，为建筑节能企业提供政府担保贷款与贴息贷款。在坚持相关政策的基础上，应适当增加专项资金的数额，满足企业筹资需要；积极建设建筑节能企业融资服务平台，建立健全社会参与、政府推动、市场运作的建筑节能企业融资创新服务体系。同时，建立一定数量的建筑节能企业贷款风险准备金，鼓励辖内各分支机构为建筑节能企业提供信贷服务[6]。

2. 加大金融产品和服务的创新力度

一是积极探索金融产品、服务与管理模式的研发创新，利用"互联网+"实现自身银行服务的绿色化；二是结合自身银行特点，利用区别于其他银行的竞争优势，量身打造专属于自己的绿色金融产品；三是充分考察各区域经济发展趋势以及当地企业的特点，因地制宜，探索建筑节能融资新方向。

3. 建立建筑节能企业风险评级制度

建立公平的融资环境，以政府推动、银行主导、建筑节能企业参与的方

式，研究制定符合本区建筑节能企业实际的银行独立信用评级体系，适当降低建筑节能企业贷款"门槛"，营造大、中、小企业公平融资环境。

建立健全担保机构准入制度、风险评估制度、信用评估制度、资金资助制度和行业运行规则等，切实为建筑节能企业提供合法、便捷、高效服务；同时，争取地方政府财政适当给予担保机构一定的风险补偿，降低其经营风险，鼓励其更加注重服务建筑节能企业。

4. 加强建筑节能融资专业人才培养

一是应积极与相关教育机构共同培养建筑节能融资专业人才，对业务工作人员进行相关知识培训，提高工作人员专业理论水平和业务熟练程度，优化银行内部人力资源；二是增进同政府主管部门的有效沟通，提供资金和政策支持，促进相关学科教育在高校的设立、高素质人才的培养；三是充分利用国际资源，做好高技术、高技能人才的引进工作[7]。

第3章
建筑节能项目借款主体类型

3.1 概况

中国建筑节能项目参与主体主要有政府、产权人、物业公司、业主及能源服务公司等。在参与过程中各自的职责表现为：

(1) 政府主要制定相应的节能标准和规范，引导和监督建筑节能市场的规范化；

(2) 物业公司或供热公司根据政府制定的节能标准和规范，建议业务采取节能措施；

(3) 业主则可通过建筑师和设备工程师及能源服务公司，咨询在节能方面的问题，然后考虑是否要进行节能服务；

(4) 当业主决定采取节能措施时，能源服务公司为其提供相应的服务。

尽管中国现今建筑节能项目有多方参与主体，但实际上投融资市场的投资方仅集中在各级政府、金融机构、房地产开发商及各类建筑业主，且仍以政府投入为主，其他各方投入不足。下面将针对现有市场融资需求，分析潜在的节能借款人。

3.2 政府

国家《"十三五"规划纲要》草案提出要"实行能源和水资源消耗、建设用地等总量和强度双控行动"体现了推进生态文明建设,解决资源约束趋紧、环境污染严重、生态系统退化的问题,必须采取一些硬措施,真抓实干才能见效。实行能源和水资源消耗、建设用地等总量和强度双控行动是一项硬措施,就既要控制总量,也要控制单位国内生产总值能源消耗、水资源消耗、建设用地的强度。这项工作做好了既能节约能源和水土资源,从源头上减少污染物排放,也能倒逼经济发展方式转变,提高中国经济发展绿色水平。如果说"十一五"规划首次把单位国内生产总值能源消耗强度作为约束性指标、"十二五"规划提出合理控制能源消费总量是必要而有效的,那么,"十三五"根据当前资源环境面临严峻形势,在继续实行能源消费总量和消耗强度双控的基础上,水资源和建设用地也实施总量和强度双控作为约束性指标,建立目标责任制,合理分解落实。因此,要研究建立双控的市场化机制,建立预算管理制度、有偿使用和交易制度,更多用市场手段实现双控目标。比如根据国务院发布的"十三五"期间节能减排目标,完成到 2020 年单位 GDP 碳排放要比 2005 年下降 40%～45% 的国际承诺低碳目标。其中与建筑节能有关的途径主要有:可再生能源集中连片示范工程补贴政策、北方采暖区供热计量与节能改造奖励政策和合同能源管理奖励政策等。

不难看出,要开展上述工作,政策需要相应的运转资金,将成为主要借款人之一。

3.3 物业公司或供热公司

为支持国家建筑节能改造相关政策,避免更多住户对住宅室内冷热等问题的投诉,部分小区的物业公司会联合供热公司进行所管辖小区的建筑节能改造。一方面,通过提高建筑的热工性能而改善住宅热舒适度;另一方面,小区改造后,小区环境或功能将得以提升。物业公司可通过提高小区管理费和所降低的住宅维护费用来获得收益,从而偿还贷款。

3.4 节能服务公司

节能服务公司(ESCO)是在 20 世纪 70 年代中期以后逐渐发展起来的,

在美国、加拿大、德国等已被广泛采用，尤其是在北美洲，ECSO 已成为一种新型的产业，被视为全世界提高能效的一项重要措施。

目前政策对节能服务公司的扶持力度加大。2000 年 6 月，原国家经贸委资源节约与综合利用开发司发出《关于进一步推广"合同能源管理"机制的通告》。2004 年 4 月国办发出"关于开展资源节约活动的通知"，要求 2004～2006 年在全国范围内组织开展能源、原材料、水、土地等资源节约和综合利用工作。提出七项综合措施，其中第五项为：推行适应市场经济要求的节能新机制，推行合同能源管理、节能融资担保等新机制，培育和发展节能节水技术服务体系，为企业提供节能节水技术服务。

国家发改委印发的《节能中长期专项规划》，三次提到"合同能源管理"：一是关于节能工作存在的主要问题，指出"国外普遍采用的综合资源规划、电力需求侧管理、合同能源管理、能效标识管理、自愿协议等节能新机制，在我国还没有广泛推行，有的还处于试点和探索阶段"；二是关于节能监测和技术服务体系建设工程，要求"通过更新监测设备、加强人员培训、推行合同能源管理等市场化服务新机制等措施"；三是关于推行以市场机制为基础的节能新机制，强调"推行合同能源管理，克服节能新技术推广的市场障碍，促进节能产业化，为企业实施节能改造提供诊断、设计、融资、改造、运行、管理一条龙服务"。

2008 年 4 月实施的《节约能源法》第二十二条规定："国家鼓励节能服务机构的发展，支持节能服务机构开展节能咨询、设计、评估、检测、审计、认证等服务。国家支持节能服务机构开展节能知识宣传和节能技术培训，提供节能信息、节能示范和其他公益性节能服务。"

因此，节能服务公司能借助政府鼓励发展契机，成为节能融资项目的重要借款人。

第 4 章
绿色建筑领域的有效融资模式

4.1 国内既有居住建筑节能改造的融资经验分析

通过对北京、天津、唐山、乌鲁木齐等地的既有居住建筑节能改造实践的研究发现，在示范性的既有居住建筑节能改造工程中，主要以政府融资为主、企业和个人出资为辅。考虑到政府、产权单位和居民个人在节能改造中承担的责任和利益，按照政府、产权单位和个人均受益的原则，国内既有建筑节能改造的出资办法可以归纳为如下模式。

4.1.1 改造资金由政府财政补贴、产权单位、业主个人承担

此方式也可称之为政府主导型的融资模式。按照《北京市既有居住建筑节能改造实施方案》的规定，对不同产权结构、不同使用性质、不同供热方式、不同外装饰情况的建筑，分类确定改造的技术方案，同时建立政府财政、产权单位、业务按照一定比例承担改造费用的机制。

4.1.2 改造资金由政府补贴、供热企业、个人承担

设定好比例，本着谁投资谁受益的公平原则，改造前由相关组织单

位协调各受益单位的出资比例，各方签订改造协议后，按比例融资。另外从收费政策上应体现出个人的受益部分，这样可以减小出资难度，对于各部分出资方来说难度及压力相对小一些。重点是研究制定好分配比例问题。

根据中德技术合作"中国既有建筑节能改造项目"（Energy Efficiency in Existing Building，EEEB）课题研究成果《既有建筑节能改造设计方法》一文介绍：唐山河北1号小区是中德既有建筑节能改造项目示范工程，对总建筑面积6135平方米进行了围护结构和采暖系统的节能改造，改造后达到建筑节能65%标准。总投资338万元，其中政府出资75%、居民出资22%、供热企业出资3%。改造的组织者为唐山市地方政府，成立了以市长为组长，主管城建、工业的副市长为副组长，各市直属相关部门的主要负责人为成员的地方项目领导小组，下设办公室在建设局[1]。

4.1.3 改造资金由政府补贴、产权单位承担

设定好比例，本着谁投资谁受益的公平原则，先由产权单位对改造资金加以垫付，收益则从改造后节省的能源费中提取。到一定年限后，待本金收回时可终止此业务，再重新调整能源使用费。该方案老百姓较为欢迎，但对于出资的产权单位来说难度、压力相对较大。政府应进行严谨商榷，对其进行政策法规上的规范。

比如，据山西省标杆项目申报材料所披露，山西长治澳瑞特小区建筑面积9000平方米，由项目产权单位的物业公司组织进行了围护结构、供热系统和供热计量的节能改造，改造费用合计约为165元/平方米，其中物业公司负担围护结构保温和室内外管网改造费用，受益用户承担热计量表购置和窗户改造费用[2]。

4.1.4 改造资金由政府补贴、供热企业承担

比如天津地区的改造模式，建立节能改造资金，其主要来源是采暖

费的收取，此期间采暖费用不变，从中抽取一部分作为改造资金。待改造完成后，在通过经济杠杆的政策调节来发挥作用。用政策调节，对于投资进行节能改造后达到节能标准的用户与未进行投资进行节能改造的未能达标的用户在所收取的采暖费上应明显区分开来，实行采暖费的减免措施。

4.1.5 改造资金由供热企业承担

比如承德项目，改造的费用、工程管理及收益都由供热企业承担，这样可以实现既有居住建筑节能改造获利的最大化。总体来看，既有居住建筑的节能改造的融资遵循的基本原则是"谁投资、谁收益"的原则。对于政府来说，收益在于节约能源，减少二氧化碳等污染物的排放，保护生态环境；对于业主来说，提高了住宅的舒适度，实行按热量收费后，可大大节省热力费开支；对于物业公司和开发商来说，减少了维修费用，提高了房屋质量，延长了建筑寿命和使用年限；对于供热企业来说，由于供热质量提高，进而可提高热力费的收缴率，此外，节约出的热量可扩大热力公司的供热面积，节省供热企业的投资。从各受益方分析，政府、产权单位、个人及供热企业都可通过既有建筑节能改造获得收益，因此各方的投入都是值得的、有回报的。

4.2 政府主导的融资模式设计

4.2.1 融资模式总体框架设计

现阶段，中国既有居住建筑节能改造工作的融资模式主要是"以政府为主导的政策性融资模式"（见图 4.1）。政府通过财政补贴、国际合作等方式筹集资金，完善相关的外部投资环境，提高其他参与者的积极性。

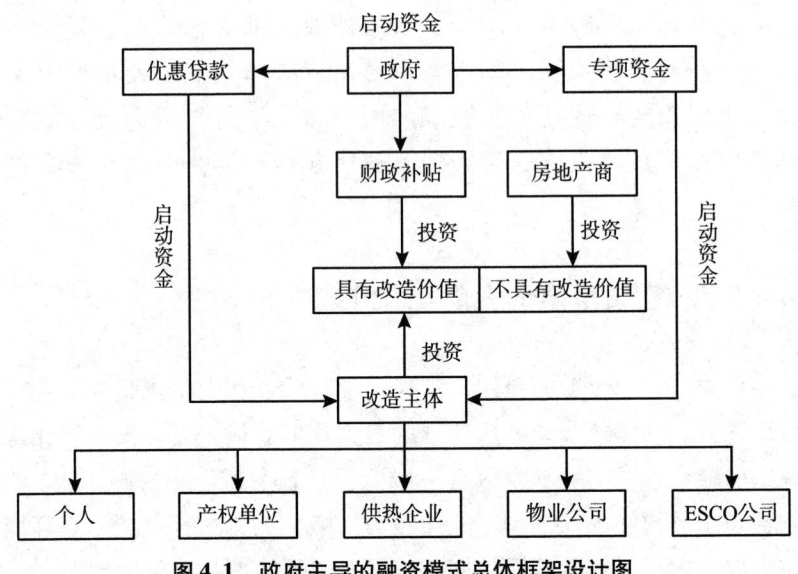

图 4.1 政府主导的融资模式总体框架设计图

4.2.2 资金来源

改造主体的主要资金来源见图 4.2。

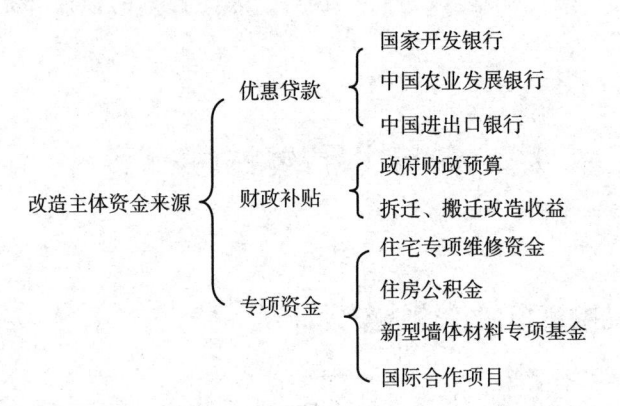

图 4.2 政府主导融资模式改造主体资金来源

优惠贷款：主要是政策性贷款，针对国家鼓励产业给予一定优惠的贷款，一般贷款期限长、利率较低，并配合国家产业政策的实施。来源渠道为：国家开发银行、中国农业发展银行和中国进出口银行。

财政补贴：国家设立专门的财政预算，每年安排资金用于补贴、奖励既有居住建筑节能改造；拆迁、搬迁改造的收益可作为节能改造的重要补充资金之一。

专项资金：本书的专项资金主要是指住宅专项维修资金、住房公积金、新型墙体材料专项基金以及国家合作项目等。

此外，居民可投资少量的部分，主要用于门窗改造；热力公司改革热量收费制度后，将一部分热量收益节能的能源资金用于节能改造。

4.2.3 融资模式组合应用

根据4.1节的内容，中国现阶段北方采暖地区既有居住建筑节能改造的示范项目所应用的融资模式，有的可操作行比较强，是可以推广应用的。这些模式主要有：①政府＋原产权单位＋个人；②政府＋热力公司（物业公司）＋个人；③政府＋产权单位＋热力公司＋个人。

在融资模式组合应用中，合理的分摊资金比例，以维护各利益主体的权益，使得节能改造活动顺利进行。主要有如下3方面。

1. 以政府主导为主，充分考虑居民的经济承受能力

由于既有居住建筑的特点决定了其融资较难，从实施以来，主要的资金来源为政府财政补贴，其他主体承担较少，这也是不能大面积推广的主要原因。在现阶段，仍然要充分发挥政府的职能，积极筹措改造资金，同时也要调动其他的主体参与改造融资活动。对于居民而言，是节能改造的直接受益者，但由于观念、经济等原因，不愿参与节能改造活动，政府要加大宣传，通过一些经济激励政策充分调动居民参与改造活动的积极性。

2. 供热企业也应承担部分改造资金

现阶段，供热企业也大多是靠国家补贴进行企业运营，造成在节能改造中无法承担相应的改造费用，严重挫伤了参与改造的积极性。因此，应追根溯源，导致供热企业不能养活自己的原因是能源价格的问题，国家应早日解决此问题。才能保证供热企业的正常运转，供热企业有盈余才会参与节能改造。才能对相应的改造内容进行融资，若供热企业财务

状况再好点，还可以采取经济激励政策使其参与以其他内容为主的节能改造工作。

3. 以"谁受益、谁投资"为基本原则

现阶段中，改造活动基本以这项原则为主，充分考虑节能改造的参与直接受益主体，促使其进行融资，然后逐步带动其他的利益主体。2008 年 10 月 1 日实施的《民用建筑节能条例》也明确规定了此项内容，即"现阶段的既有住宅建筑节能改造融资主要参与主体是政府和建筑所有权人，同时国家鼓励社会资金投资"。

综上分析，现阶段，既有建筑节能改造涉及的主体由于各方面的原因，都表现出融资比较困难，全凭政府的财政政策来实施既有居住建筑节能改造，也是一件天方夜谭的事情。因此，要全面进行各项制度改革，以及建立健全相应的节能改造领域的政策，开启市场机制，通过资本市场来进行融资，才能进入既有居住建筑节能改造的全面推广阶段。

4.3　合同能源管理（EMC）融资模式

4.3.1　合同能源管理介绍

合同能源管理（energy management contract，EMC）是一种新型的市场化节能机制，其实质就是用减少的能源费来支付节能项目全部成本的一种管理融资模式。在建筑节能领域的含义为：建筑节能服务公司（energy service company，ESCO）为节能客户提供包括节能设计改造、融资、运营管理、能耗测评和审计等一整套的节能改造服务，并承担节能改造的全部风险，改造完成后，从节能客户处获得收益或者是和节能客户分享收益来回收投资的一种方式。

国外发达国家的合同能源管理融资模式在建筑节能领域发展非常迅速，在美国、加拿大、欧洲等许多国家已成为一种新兴的节能产业。

中国也利用世界银行和全球环境基金赠款实施了"中国促进项目"，成立示范性建筑节能服务公司（ESCO），开展"合同能源管理"机制经营业务，成功实施了一批示范节能项目。然而，目前无论是市场开发、公司管理和技术等都处于理论研究阶段，相关部门虽然通过政策来鼓励EMC模式的应用，但都过于宏观，不具备具体的操作模式，例如《民用建筑节能条例》中，就有"国家鼓励社会资金投资既有建筑节能改造"的条款，但只是规定，没有具体的实施细则。

结合中国既有居住建筑的具体情况，目前在既有住宅建筑节能改造中适合应用的EMC融资模式有两种：一种是节能保证型EMC融资模式；另一种是节能效益分享型EMC融资模式。

4.3.2 节能保证型EMC融资模式

节能保证型由于其自身的特点，较适合应用于既有居住建筑市场机制的初期，通过政府主导，给予政策、优惠贷款、技术和管理等方面的援助，使节能改造活动顺利进行。

节能保证型EMC主要是由节能客户提供资金，ESCO进行节能项目改造，并承诺项目节能改造的效果。改造完成后，若达不到事先约定的改造效果，则ESCO对节能客户进行经济赔偿。

该模式的特点是：（1）由节能业主完成融资，承担项目的信用风险；（2）ESCO进行融资外的所有节能改造工作，承担技术风险；（3）融资成本低，适合技术含量高的项目。该模式较适合供热企业的热源及一次热网管线改造、住宅小区的公共设施改造等。

该模式存在的问题：（1）全由节能业主融资，就现阶段而言，较为困难，需要政府大力支持，如给予财政补贴、优惠贷款、专项资金等；（2）ESCO企业信誉问题，即ESCO承诺的节能效益能否达到既定的目标；（3）需要确定节能量，这就要求国家应尽快建立能耗统计制度、能源审计制度等。针对存在的问题，政府需要尽快解决以保证该模式可行性。

综合考虑各方面的因素，设计政府主导的合同能源管理融资模式——节能保证型EMC的融资模式，如图4.3所示。

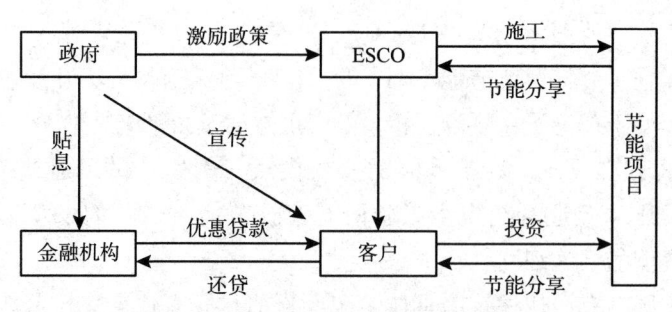

图 4.3 节能保证型 EMC 的融资模式

4.3.3 节能效益分享型 EMC 融资模式

节能效益分享型模式是 ESCO 与节能业主签订节能改造合同实施改造，同时与银行签订贷款合同完成融资，节能改造完成后与节能业主共同分享节能效益。

该模式的特点：（1）此模式对 ESCO 的要求较高，ESCO 要同时提供融资需求和节能服务；（2）如果 ESCO 承担全部的初始投资，则 ESCO 承担所有的项目风险；（3）此模式会造成 ESCO 的流动资金周转率降低，使得 ESCO 不能承担过多的项目。针对其特点的分析，该模式更适合于节能效益大，投资回收期短的建筑节能项目。如以大型物业公司为主的住宅小区的改造、大型采暖供热企业的热源热网改造等。

该模式存在的问题：（1）融资问题，该模式由 ESCO 完成融资，承担项目所有的风险，这就要求 ESCO 具有良好的企业信誉。现阶段，ESCO 公司都是一些小规模的民营企业，本身的财务融资能力并不高，很难通过银行融资。因此，需要国家给予政策上的支持，搭建沟通平台，促使 ESCO 能顺利通过银行进行融资。（2）节能量的确定问题，同节能保证型 EMC 融资一样，都需要解决这个问题。可见，迫切需要建立能耗统计制度和能源审计制度。

综合上述因素，在既有居住建筑节能改造领域应用此模型时，应引进第三方担保机构，使得节能改造活动能顺利进行。如图 4.4 为节能效应分享型 EMC 融资模式，在全面推广阶段，此模型会成为主流模型[3]。

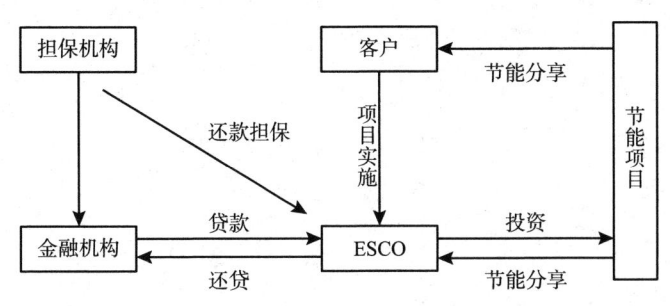

图 4.4 节能效益分享型 EMC 的融资模式

4.4 建筑节能项目融资风险的综合评价方法

目前主要的融资风险综合评价方法包括：

（1）影响因素集，主要是项目融资风险影响因素指标的集合，表示为 Factor = {节能技术、分摊比例、贷款利率、项目组织管理}；

（2）权重集：以描述评价因素集中各指标对于评价目的的相对重要性程度，利用层次分析法确定指标权重，表示为 Ratio = {0.4，0.3，0.2，0.1}；

（3）专家评语集：对评价对象优劣程度的定性描述，用 5 档数字等级代表专家评价语言（很小、小、一般、高、很高），表示为 Eva = {1，2，3，4，5}；

（4）评价矩阵，表示为 Matrix = {Factor × Ratio}；

（5）模糊综合评价分值 Score = $\sum$ Factor × Ratio，与 Eva 评语集进行比较，来判定不同融资项目的风险等级。

中篇

国内以合同能源管理机制为核心的建筑节能市场融资模式

第 5 章
国内支持合同能源管理机制的相关政策

5.1 国家法律、行政法规

（1）2008年4月实施的新《节约能源法》第二十二条："国家鼓励节能服务机构的发展，支持节能服务机构开展节能咨询、设计、评估、检测、审计、认证等服务。国家支持节能服务机构开展节能知识宣传和节能技术培训，提供节能信息、节能示范和其他公益性节能服务"。该法正式将推广合同能源管理机制写进了国家节约能源法。

（2）2006年8月，国务院《关于加强节能工作的决定》，这一决定是第一部关于合同能源管理的法规性文件。该决定将合同能源管理作为培育节能服务体系的一项重要工作，提出"加快推行合同能源管理，推进企业节能技术改造"。

（3）2007年5月，国务院《关于印发节能减排综合性工作方案的通知》，提出"培育节能服务市场，加快推行合同能源管理，重点支持专业化节能服务公司为企业以及党政机关办公楼、公共设施和学校实施节能改造提供诊断、设计、融资、改造、运行管理一条龙服务"。

（4）2008年8月，国务院颁布《公共机构节能条例》，提出"鼓励公共机构采用合同能源管理方式，委托节能服务机构进行节能诊断、设计、融资、改造和运行管理"。

（5）2013年9月，国务院关于《印发大气污染防治行动计划的通知》中规定建立企业"领跑者"制度，对能效、排污强度达到更高标准的先进企业给予鼓励。全面落实合同能源管理的财税优惠政策，完善促进环境服务业发展的扶持政策，推行污染治理设施投资。

（6）2016年3月，《中华人民共和国国民经济和社会发展第十三个五年规划纲要》第四十八章，关于发展绿色环保产业专门提出"鼓励发展节能环保技术咨询、系统设计、设备制造、工程施工、运营管理等专业化服务。推行合同能源管理、合同节水管理和环境污染第三方治理"。这为"十三五"中国全面建设小康决胜时期的节能环保产业发展指明了方向。

5.2 国务院各主管部委规章制度

（1）2000年6月，原国家经贸委发出《关于进一步推广合同能源管理机制的通告》，是中国第一个由国家主管部门发出的推广"合同能源管理"的文件。

（2）2004年11月，国家发展改革委《关于印发节能中长期专项规划的通知》，提出"推行合同能源管理，克服节能新技术推广的市场障碍，促进节能产业化，为企业实施节能改造提供诊断、设计、融资、改造、运行、管理一条龙服务"。

（3）2004年11月，建设部、国家发展改革委员会《关于加强城市照明管理促进节约用电工作的意见》，提出"积极推行合同能源管理，对于节电工作开展得好、节电效果显著的单位，各地应予以奖励"。

（4）2006年2月，国家发展和改革委员会、国务院机关事务管理局、财政部等《关于加强政府机构节约资源工作的通知》，提出"逐步建立政府机构能源管理能力评价体系，鼓励通过合同能源管理等方式，聘请节能专业服务机构参与政府机构节能改造，优化能源管理，提高能源利用效率"。

（5）2006年4月，国家发展和改革委员会、国家能源领导小组办公室、国家统计局、国家质量监督检验检疫总局、国务院国有资产监督管理委员会《关于印发千家企业节能行动实施方案的通知》，提出"培育专业化节能技术服务体系，重点推行合同能源管理，为千家企业节能改造提供诊断、融资、设计、改造、运行、管理'一条龙'服务"。

（6）2010年4月，国务院办公厅转发发展改革委等部门《关于加快推行合同能源管理促进节能服务产业发展的意见》，主要包括以下优惠政策：①针对将合同能源管理项目纳入中央预算内投资和中央财政节能减排专项资金支持范围对节能服务公司采用合同能源管理方式实施的节能改造项目，符合相关规定的，给予资金补助或奖励。有条件的地方也要安排一定资金，支持和引导节能服务产业发展。②对节能服务产业采取适当的税收扶持政策。

（7）2010年8月，国家质量监督检验检疫总局、国家标准化管理委员会颁布了《中华人民共和国国家标准合同能源管理技术通则》，该标准于2011年1月1日起正式实施。

（8）2016年6月，国管局、国家发展改革委发布了《公共机构节约能源资源"十三五"规划》，提出"发挥财税、金融等政策的引导作用，加强节能预算资金管理，进一步完善节能资金保障机制；鼓励和引导社会资本参与公共机构节约能源资源工作，运用市场机制，推动政府与社会资本合作，推广应用合同能源管理、合同节水管理"。这就从国家战略层面对合同能源管理进行规划和推进。

5.3 针对合同能源管理的财政、税收优惠政策

（1）2009年12月，财政部、国家税务总局、国家发展改革委《关于公布环境保护节能节水项目企业所得税优惠目录（试行）的通知》，规定了适用所得税优惠政策的节能项目范围。

（2）2010年6月，国家发展改革委办公厅、财政部办公厅颁布的《关于合同能源管理财政奖励资金需求及节能服务公司审核备案有关事项的通知》，提出根据合同能源管理融资规模配套财政资金，并对节能服务公司名单实行审核备案、动态管理制度。

（3）2010年6月，国家发展改革委、财政部颁布的《合同能源管理项目财政奖励资金管理暂行办法》，对节能效益分享型合同能源管理项目进行财

政奖励，其中：中央财政奖励标准为 240 元/吨标准煤，省级财政奖励标准不低于 60 元/吨标准煤。

（4）2010 年 10 月，国家发展改革委办公厅、财政部办公厅颁布的《关于财政奖励合同能源管理项目有关事项的补充通知》，规定了节能服务公司申请财政奖励资金支持的项目内容主要为锅炉（窑炉）改造、余热余压利用、电机系统节能、能量系统优化、绿色照明改造、建筑节能改造等节能改造项目，且采用的技术、工艺、产品先进适用。同时要求各地区主管部门和财政部门出具本地区的合同能源管理财政奖励具体实施办法。

（5）2010 年 12 月，财政部、国家税务总局发布的《关于促进节能服务产业发展增值税、营业税和企业所得税政策问题的通知》对符合条件的合同能源管理项目，实施免征增值税、免征营业税，企业所得税"三免三减半"的税收优惠。此外，节能服务公司以及与其签订节能效益分享型合同的用能企业、实施合同能源管理项目有关资产的企业所得税也享有优惠政策。

（6）2013 年 12 月，国家税务总局、国家发展改革委发布《关于落实节能服务企业合同能源管理项目企业所得税优惠政策有关征收管理问题的公告》，就落实合同能源管理项目企业所得税优惠政策有关征收管理问题进行了规范。

5.4　节能服务公司备案情况

（1）2010 年 8 月，国家发展改革委、财政部发布公告（2010 年第 22 号）公示节能服务公司备案名单（第一批），总计 461 家。

（2）2011 年 3 月，国家发展改革委、财政部发布公告（2011 年第 3 号）公示节能服务公司备案名单（第二批），总计 523 家。

（3）2011 年 8 月，国家发展改革委、财政部发布公告（2011 年第 19 号）公示节能服务公司备案名单（第三批），总计 750 家。

（4）2012 年 1 月，国家发展改革委、财政部发布公告（2012 年第 1 号）公示节能服务公司备案名单（第四批），总计 620 家。

（5）2013 年 5 月，国家发展改革委、财政部发布公告（2013 年第 29

号）公示节能服务公司备案名单（第五批），总计888家。前五批已经备案节能服务公司，不包括被取消的两批32家，总数已达3210家。

（6）2014年11月，国家工信部发布公告（2014年第67号）公示推荐117家工业和通信业节能服务公司（其中，前三批节能服务公司验收通过66家，新增选51家）。

5.5 政策与市场展望

通过分析以上政策可知，无论是国家法律层面，还是国务院行政法规、部门规章层面上，中国政府都在大力推进以合同能源管理为核心建筑节能市场的发展。政府一方面积极宣传建筑节能的重要性；另一方面对建筑节能标准提出越来越严格的要求，同时鼓励企业通过市场化的合同能源管理机制，稳步实现建筑节能的目标要求。另外，通过对节能服务公司的财政奖励和税收优惠，政府积极引导合同能源管理项目顺利实施并达标，从而为市场的健康有序发展奠定基础。

鉴于目前中国的合同能源管理市场仍处于发展初期，虽然有政府的大力扶持，但其他市场参与主体积极性不高，节能服务企业自身核心竞争力不强。未来市场的发展仍然需要社会各界增强节能环保的意识，而节能服务公司也需要提升核心技术，真正为客户实现通过能源管理增加效益、节约成本，最终促进市场迸发出应有的活力。

第6章
国内节能服务融资业务情况

6.1 国内节能服务融资发展现状

建筑节能融资作为绿色金融的一部分，其发展现状与绿色金融步调一致。绿色金融在中国已迈出坚实的步伐，2007年以来，环境保护部会同中国银监会、中国保监会、中国证监会等金融监管部门不断推出"环保新政"，相继出台"绿色信贷""绿色保险""绿色证券"等绿色金融产品。

2008年，中国进出口银行、华夏银行、民生银行等3家银行借助国家发展改革委、财政部启动中国节能融资项目的契机，利用世界银行转贷资金开展节能贷款业务，积极在国内开展节能融资项目。据中国经济网相关报道显示：3家银行累计投放节能贷款逾20亿元，带动企业直接节能投资超过51亿元，形成196万吨标准煤的节能能力，相当于减少二氧化碳排放478万吨以上。

但从当前的发展状况来看，作为绿色金融的重要组成部分及节能企业主要资金来源，绿色信贷并没有从根本上改变中小型节能企业的融资难的现状，尽管目前国家出台了很多政策，财政部门安排了专项资金，金融机构出台了节能减排专项贷款资金，只是现有资金及政策支持对于资金量需求庞大的节能服务产业来说仍属杯水车薪。

有专家预测并指出，2015~2020年，中国绿色金融的资金需求规模将在

14万亿~30万亿元,即使按照低限计算,年均融资规模也达到约3万亿元。如此大的资金需求需要通过多方式、多渠道进行融资[1]。

6.2 合同能源管理机制简介与发展现状

近年来,随着能源的紧缺和价格的上涨,无论从国际经济发展趋势还是中国未来经济前景来看,中国能源问题日趋严峻,节能减排势在必行。2008年金融危机后,国务院为了挽救国民经济与金融市场,夯实中国经济基础与经济结构,于2010年颁布《国务院关于加快培育和发展战略性新兴产业的决定》(国发〔2010〕32号),其中将节能环保产业列于七大战略新兴产业之首,同时将其定义为"国民经济的支柱产业"。随着国家层面更加重视节能减排工作,《节能环保产业发展规划》明确提出要大力推行合同能源管理。合同能源管理(EMC)被认为是推动节能减排发展的最重要和最有效的商业模式。

合同能源管理是一种基于市场运作的节能激励机制,其实质是一种以相对于实体单一资本投资较少的能源费用通过"类融资租赁交易结构"来支付节能项目全部成本的节能投资方式。自引入中国以来,通过示范、引导和推广,服务范围已经扩展到工业、建筑、交通、通信、互联网等领域。

十多年来,中国不断创新EMC模式,国家不断推出扶持政策,资金不再是过去单纯的政府样板工程补贴和少数节能服务企业投资,而是拓宽了融资模式和国际合作,比如世界银行的绿色能源贷款,兴业银行、民生银行等金融机构推出的绿色金融服务,有力地促进了节能服务产业的迅速发展,将成为"十三五"节能减排的新机遇。

节能服务公司(ESCO)是基于合同能源管理机制运作的、以盈利为目的的专业化公司,通过和用能单位签订节能合同,为用能单位提供能源审计、节能改造方案设计、原材料和设备采购等全过程服务,并保证实现合同中承诺的节能量和节能效益,通过与用能单位分享项目实施后产生的节能效益来实现自身的发展。因此,与传统的能源管理和节能改造模式相比,合同能源管理是基于市场运作的节能金融创新机制,不仅能达到项目节能减排的社会效益，还能为合同双方带来经济效益。

合同能源管理引入中国十多年来，通过示范、引导和推广，使得节能服务产业迅速发展，专业化的节能服务公司不断增多，服务范围已经扩展到工业、建筑、交通、制药、冶金、公共机构等多个领域。据 EMCA 不完全统计，截至 2014 年底，全国从事节能服务业务的公司数量将近 7000 家，其中备案节能服务企业突破 3000 家，实施过合同能源管理项目的节能服务公司 2472 家；节能服务产业产值首次突破 2500 亿元人民币，达到 2650.37 亿元；合同能源管理项目投资额在 2013 年 487 亿元的基础上增长到 712.43 亿元，增加了 43.45%；行业从业人数也有大幅度增加，从原来的 175000 人增加到 378000 人，增加 116%。

中国节能服务产业的发展，离不开合同能源管理的促进。根据国家发改委等四部委联合发布的《关于加快推行合同能源管理 促进节能服务产业发展的意见》指出，到 2015 年"建立比较完善的节能服务体系，使合同能源管理成为用能单位进行节能改造的主要方式之一"。

6.3　中国既有建筑节能改造项目的融资模式

6.3.1　北方采暖地区既有居住建筑及供热系统节能改造融资模式

北方采暖地区供热节能改造的主体包括政府、物业公司或产权单位、能源服务公司、供热公司以及居民。在政府组织改造的基础上，大多数建筑节能改造项目通过其他改造主体相互配合，合理融资共同完成。部分地区也有居民自筹资金进行改造，主要是供暖效果长期不好的校区和位于冷山或顶层的用户，且居民自筹资金模式较少。

6.3.1.1　政府融资模式

"政府融资模式"是由政府牵头组织改造工作，由政府出资通过施工招投标方式确定实施主体。在实际工作中，又可以根据实施主体的行政级别不同，分为省级政府组织模式、直辖市政府组织模式和地级市政府组织模式三种[2]。

（1）省级政府组织模式。省政府按照国家对北方采暖地区既有居住建筑及供热系统节能改造财政补贴的政策支持，出台省级配套资金办法，并要求城市出资进一步配套。同时，由于各地级市机构健全，在制定相关标准等技术支持方面有保障，通过组织地方政府建设统计部门、住房和城乡建设厅、房地产商、大型企业等方式，纳入GDP能耗下降工作业绩考核，广泛宣传。

如内蒙古自治区人民政府办公厅发布《关于做好我区既有居住建筑节能改造工作的通知》（内政办发电〔2008〕49号），自治区财政将按1∶1的比例与中央财政匹配用于改造补助，各盟市也要安排相应资金。山西省政府办公厅发布《关于建筑节能有关资金落实情况的会议纪要》（〔2008〕20号），省级财政按照与中央财政奖励资金1∶1比例配套。

（2）直辖市政府组织模式。由直辖市内的市住房和城乡建设委和市财政监督指导，各区县政府组织实施，以热源和热力站为单位选择项目，结合市容整治、旧楼整修、补建供热、房屋修缮等工作，由区县建委和居民自筹资金进行改造。

如天津市政府印发《转发市建委财政局拟定的天津市1300万平方米既有居住建筑供热计量与节能改造实施方案的通知》，将既有居住建筑节能改造工作纳入天津市20件民心工程。通过实施供热系统节能改造、透明围护结构改造和供热计量系统改造，提高供热效率，降低供热负荷，实现供热节煤30%、夏季空调节电30%的目标。市建委会同市财政局结合补建供热、供热计量、旧楼区改造、市容整治、房屋修缮等专项资金，项目配套资金由区县人民政府解决。

（3）地级市政府组织模式。由市委、市政府将改造工作作为城市建设重点工程全面推荐，县、区政府统一组织，政府引导、市场运作，营造产生示范项目的良好社会氛围。

如河北省唐山市，积极创新多渠道融资模式，在改造过程中，通过"扩容改造、夹层改造和老旧危房拆改"等模式开展工作。即以扩大阳台为重点，进行扩容改造，拓展居住空间，通常扩容10平方米建筑面积，以低于市场的价格卖给业主，由此所得的费用用于节能改造。在实行节能改造的同时，进行顶部夹层，将新增商品房按照低于市场的价格销售，收益用于其他改造。拆除旧小区少部分没有改造价值的危旧住宅楼，新建一定数量高层建筑，除回迁安置居民外，新增商品房收益用于其他改造。

6.3.1.2 物业或产权单位融资模式

产权单位融资模式，是由产权单位组织改造，改造主体为项目产权单位的物业公司，资金筹措除中央和省级财政补贴外，其他部分由物业公司和受益人共同承担。项目改造后，降低了采暖能耗，节约了物业公司的供热成本，改善了居民的室内热舒适度；物业公司节约能源费用，居民节约热费。

如山西省长治市奥瑞特校区11号楼节能改造项目，供暖热源为小区自备锅炉房，同时进行围护结构、室内外官网和热计量改造，通过采取这种融资模式，由物业公司负担围护结构保温和室内外官网改造费用，收益用户承担热计量表购置和窗户改造费用。经过改造，能够节省能耗60%。

6.3.1.3 合同能源管理模式

合同能源管理机制为设计该业务的各方，包括ESCO、客户企业、银行、节能设备制造商、工程施工单位等创造了"多赢"。借助于一个节能改造项目的实施，ESCO可以在合同期内通过分享大部分的节能效益而收回投资和取得合理的利润。客户企业除了在合同期内分享小部分节能效益外，还将在合同期结束后获得该项目下所安装设备的所有权及全部的节能效益。银行可以连本带息地收回对该项目的贷款。节能设备制造商可以实现其产品的销售等。

据中机院发布的《中国节能服务行业发展现状和前景分析》报告数据显示，建筑节能服务领域的市场将在未来更长一段时间内维持年均50%以上的增长。2007年中国建筑节能服务市场规模约24.9亿元。经过对节能服务企业的收益计算，ESCO模式节能服务行业的平均净利润率是29.86%。建筑节能在中国是一个新型行业，政府日益加大对建筑能耗的审查和限制，相关标准规范将颁布实施。一些专业建筑节能服务公司已开始运营，许多国外进入中国的电能效率服务和管理行业的ESCO也开始把目光转向建筑节能[3]。

"十三五"规划提出生态文明建设的目标和任务，资源节约将是核心发力点之一，目前建筑节能和绿色建筑"十三五"规划尚未发布。在节能减排的约束下，既有建筑节能改造和新建绿色建筑的推广，将带动建筑节能市场的快速成长。前瞻网发布的《环保大趋势下建筑节能行业市场机遇与挑战分析》报告指出，预计2020年国内建筑节能服务市场规模将达2300亿元[4]。

6.3.1.4　供热公司融资模式

"供热公司融资模式"的改造主体为地方的供热办公室，资金筹措除中央政府补贴外，其他部分由供热办承担。既有居住建筑节能改造有利于改善室内热环境，减少居民和热力公司的矛盾，提高热费收缴率；这种融资模式可以为热力公司腾出热容量，在不增加锅炉的情况下，为更多的新建面积实现供热，增加营业收入；有利于减少官网损失，改善水力平衡，降低热损失。通过改造节约能源消耗，提高居民居住条件的热舒适度，供热公司也节约能源费用。

如辽宁省营口市莲花三期改造工程，供热办作为甲方组织招标施工，费用由供热办承担。经过对外墙及楼梯间内墙的改造，使室内温度提高了5~6℃。附近小区居民在了解改造效果之后也积极参与，激发了居民节能改造的积极性。

6.3.1.5　合作改造融资模式

"合作改造融资模式"是在政府组织改造并出台相应补贴措施的基础上，供热公司、能源公司、物业公司、产权单位及个人相互之间合作进行节能改造。根据工程实际情况，按照中央、地方、居民、能源服务公司、热力公司等各个投资方的收益进行合理的融资。典型的模式包括：

（1）合同能源管理公司与产权单位共同组织改造模式。改造主体为合同能源管理公司和产权单位，合同能源管理公司和产权单位分别负责不同改造内容的资金筹措，由合同能源管理公司和产权单位共同分享节约的能源费用。

（2）产权单位和个人共同改造模式。改造主体为产权单位和居民个人，资金筹措除中央财政补贴外，其他部分由产权单位和受益群众共同承担。经过改造降低采暖能耗，节约了产权单位的供热成本，改善了居民的室内热舒适度。产权单位节约能源费用，居民节约热费。

（3）政府、产权单位和个人共同改造模式。改造主体为政府、产权单位和个人，除政府补贴外，产权单位和个人根据不同的改造内容负责资金筹措。从政府的角度考虑，有利于实现节能减排目标，改善居民居住环境，提高社会满意度；产权单位和居民个人可以共同分享节省改造的收益。

（4）供热公司和物业公司共同改造模式。改造主体为供热公司和物业公司，两者共同承担节能改造费用，节能改造后的收益由供热公司和物业公司共同分享。

6.3.2 大型公共建筑节能改造融资模式

大型公共建筑的改造主体主要包括政府、能源服务公司、开发商或建筑业主。

6.3.2.1 政府融资模式

2007年以来，中央财政累计投入1.1亿元用于办公建筑节能改造，完成了外交部等23家单位的办公楼空调系统节能改造，在农业部等12家单位实施了用电分享计量改造，在中央国家机关所有96家单位实施了节能灯更换、食堂燃气灶具改造等工作。2010年，全面开展信息机房空调系统、电开水器、食堂冷库等节能改造[5]。

如北京市人民政府节能改造，项目所需资金统一由发展改革委固定资产拨款解决。实施节能改造后节能率为20.8%，每年可节约能源费用122.9万元。

6.3.2.2 合同能源管理模式

节能服务公司与愿意进行节能改造的用户签订节能服务合同，为用户的节能项目进行投资或融资，向用户提供能源效率审计、节能项目设计、施工、监测及管理等服务，通过与用户分享项目实施后产生的节能效益来盈利和发展。主要有以下3种模式：

（1）用能方融资模式。这种融资模式主要应用于节能量保证型。该模式的主要特点如下：节能服务公司保证节能量或节能效益；节能服务公司与用能单位约定能源价格下滑时的最低能源价格，确保项目成本和利润得以实现；由用能单位进行融资，承担信贷风险，融资事项体现在用能单位的资产负债表上；如果在合同期内没有达到承诺的节能量或节能效益，节能服务公司需要向用能单位支付承诺节能量与实际节能量的差额。

在这种模式下，考虑到大部分用能单位的信用等级高于节能服务单位，项目融资成本相对较低。对参与项目的节能服务公司实力要求有所降低，客观上有利于促进合同能源管理项目的快速推广顾客承担项目融资的义务和风险，节能服务公司负责项目技术保障和设备供应等，承担相应的技术和设备风险，顾客和节能服务公司共同分享节能项目带来的效益。这是传统的融资模式，实质上不完全符合合同能源管理的要求：顾客零风险和零投入。因此，此种模式在合同能源管理发展初期采用，随着合同能源管理的发展，现在采用的较少。

（2）节能服务公司提供资金模式。这种模式是由节能服务公司承担融资的义务和风险，在北美和欧洲国家的节能服务公司在大部分合同能源管理项目中选择这种模式，是现在节能服务公司的主要融资模式。主要有节能效益分享型和能源供应外包型两种。节能效益分享型的主要特点为：节能服务公司和用能单位预先约定节能效益分享比例，按实际节能的能源费用分成，合同结束则全部效益由用能单位享有；在节能服务合同期间，节能服务公司通常保留节能设备的所有权，一般会在合同终止时将所有权转交给用能单位；由节能服务公司进行融资，并负责还款，因此，融资并不直接体现在用能单位资产负债表上，融资成本较高；节能服务公司承担节能效果风险和信用风险；如果总体节能目标能够实现，且能源价格保持不变或上涨，整个项目的自偿性就没有问题，但如果能源价格大幅度下滑，节能服务公司则可能亏损。

在市场经济发达的国家，节能服务公司有雄厚的技术实力和运作合同能源管理项目的经验，相对容易取得银行的授信并获得贷款，但是在运作大型合同能源管理项目或者节能服务公司具有较大规模后，这种融资模式就具有一定的局限性，尤其是项目的几乎全部风险均由节能服务公司承担，因此在发达国家出现了新的融资模式。

如建设银行总行办公楼节能改造项目中，改造资金由节能服务公司承担

20%，其余80%为世界银行贷款，节能项目收益则按不同时期来确定。

能源供应外包型的特点：节能改造工程资金的投入和风险由节能服务公司承担并管理其用能设备。项目实施完毕，在项目合同期内，双方按比例分享节能效益，按约定用户定期支付节能公司管理费用，由节能服务公司负责对用户能源系统的日常运营和后勤人员管理及设备的维修、维护等工作，项目合同结束后，将高效节能设备无偿移交给用户使用，所产生的节能受益权归用户享受。风险由节能服务公司承担，效益由节能服务公司和用户共享，能源系统由节能服务公司托管。

如陕西西安第四军医大学第一附属医院节能改造项目，项目一期资金投资1062万元，全部由节能服务公司自筹。西京医院的能源托管项目托管期为15年，分成在不同的时间段采用不同的比例，用户每年支付管理费用。公司到2008年年底供给投入资金500万元，两年节能效益分成共计1890万元，公司年均实现利润460万元。

（3）第三方融资模式。该模式是由用能单位和节能服务公司以外的主体进行项目融资，这里重点介绍其中的"特殊目的公司"（special purpose entity，SPE）模式。SPE模式是由节能服务公司与用户共同组建的股份有限公司，负责节能项目的融资、建设和运营，用户与SPE签订合同，支付能源费用。SPE模式多用于大型节能项目，尤其是热电联供、分布式功能系统等复杂的高效功能系统。

在该模式中节能服务公司向SPE输入节能技术、运营管理经验，用户输入原有的能源设施，设备管理人员。SPE作为独立法人，需要建立完备的公司内部制度，包括法律、财会、技术等体系。SPE模式具有以下优点：实现融资的无追索或有限追索，保护节能服务公司本身不受潜力或影响较小；节能服务公司只要在SPE中的股份不超过一定比例，SPE的负债就不会出现在节能服务公司的资产负债表上，降低了节能服务公司的融资风险和成本；通过引入股权投资人，获得更多资金来源，并分散了风险。此外，可通过引入实力较强的投资人，实现信用降级以降低融资成本，银行可以通过SPE直接选择节能服务公司、项目或者顾客，同样的，顾客可以通过SPE选择节能服务公司和银行，SPE通过分红从基金机构融资或者通过担保等从银行融资。项目的风险也不再集中在节能服务公司一家，SPE、银行甚至基金机构都有一定程度的分担，尤其是在大型合同能源管理项目或大型节能服务公司融资上有着巨大的优势。

这三种基本融资模式为中国节能服务公司融资提供了较为粗略的借鉴。第一种模式是目前国内工程总承包中采用较多的，在合同能源管理项目中不多；采用第三种模式需要发达的金融市场，具有较大规模的节能服务公司和大型项目等条件，与中国现阶段节能服务公司多为中小企业和合同能源管理处于起步阶段不适应，且中国金融市场欠发达和市场环境不完善，目前还不能得以普遍运用，但这种模式应该是中国合同能源管理产业化过程的融资模式发展方向；第二种模式是中国节能服务公司首选融资模式，也是中国节能服务公司目前主要的融资模式。

6.4　国内节能融资的制度现状

为了促进中国建筑节能项目的发展，解决此类项目融资难的问题，以及支持合同能源管理机制的发展与完善，中国出台了一些法律法规以及政策性规定，涉及绿色信贷、绿色债券、节能发展基金、合同能源管理的资金、补贴等，这些规范为推动中国建筑节能的发展提供了财政与政策支持。

6.4.1　行政规章

2015年10月，十八届五中全会通过的《中共中央关于制定国民经济和社会发展第十三个五年规划的建议》也明确提出要发展绿色金融，设立绿色发展基金；2015年9月，中共中央、国务院印发《生态文明体制改革总体方案》，作为生态文明领域改革的顶层设计，详细阐述了建设绿色金融体系，包括：推广绿色信贷，加强资本市场相关制度建设，支持设立各类绿色发展基金，建立绿色评级体系以及公益性的环境成本核算和影响评估体系，积极推动绿色金融领域各类国际合作等；2015年4月，《中共中央国务院关于加快推进生态文明建设的意见》出台，明确要求推广绿色信贷，支持符合条件的项目通过资本市场融资；目前环保部门也已在推进绿色金融发展方面率先迈出一步，为了有效引导企业的环境表现，环保部门与银行等金融部门展开合作，将环保部门行政执法信息纳入银行信贷征信系统，成为银行向企业提供信贷支持的重要参考依据；2012年2月，中国银监会发布《中国银监会关于印发绿色信贷指引的通知》以促进银行业金融机构发展绿色信贷，并更好地落实国务院《节能减排综合性工作方案》《国务院关于加强环境保护重点工作的意见》等宏观调控政策，以及监管政策与产业政策相结合的要求。

6.4.2 地方性法规和规章

为了更好地实施合同能源管理机制，一些地方相继出台了条例、办法等地方性法规和规章制度，一些典型的例子如《山东省节约能源条例》《上海市节约能源条例》《陕西省节约能源条例》《北京市实施〈中华人民共和国节约能源法〉办法》《北京市合同能源管理项目扶持办法（试行）》《黑龙江省节能服务机构备案管理暂行办法》《河南省公共机构节能管理办法》等，涉及合同能源管理内容，对合同能源管理以及节能服务业进行规范。

上海市政府办公厅转发的《关于本市贯彻国务院办公厅通知精神、加快推行合同能源管理促进节能服务产业发展实施意见的通知》（沪府办发〔2010〕21号）就"改善节能服务机构融资环境"提出了相关配套措施，主要实质性内容包括建立政策性融资担保机制和管理机构与金融机构合作机制。具体的内容是：上海市节能服务机构申请贷款信用担保，其担保条件、担保程序、担保额度、年保费率等，按照《关于小企业贷款信用担保管理的若干规定》（沪府办发〔1999〕45号）执行。要求市、区县两级政策性担保机构结合节能服务产业的特点，创新运用项目未来收益权质押、互保联保、个人资产抵押等反担保措施，积极为节能服务机构提供信用担保，贷款信用担保期限可延长至三年。支持上海市合同能源管理相关机构根据银行和担保机构的需要，为其出具合同能源管理项目技术风险评价报告。此外，文件还提出探索建立保险公司合同能源管理项目履约保证保险项下担保机制等。

第 7 章
合同能源管理模式在建筑节能中的典型案例

7.1 合同能源管理模式

节能服务公司与愿意进行节能改造的用户签订节能服务合同，为用户的节能项目进行投资或融资，向用户提供能源效率审计、节能项目设计、施工、监测及管理等服务，通过与用户分享项目实施后产生的节能效益来盈利和发展。

按照资金投入和收益分享方式的不同，合同能源管理模式可以分为三大类：能源费用托管型、节能效益分享型、节能量保证型。目前，每种模式在建筑领域都有应用。结合中国建筑市场特点，每种模式所适合发展的领域和发展效果有所不同。

7.1.1 能源费用托管型

节能改造工程资金的投入和风险由节能服务公司承担并管理其用能设备。项目实施完毕，在项目合同期内，双方按比例分享节能效益，按约定用户定期支付节能公司管理费用，由节能服务公司负责对用户能源系统的日常运营和后勤人员管理及设备的维修、维护等工作，项目合同结束后，先进高效节能设备无偿移交给用户使用，所产生的节能收益全归用户享受。风险由节能服务公司承担，效益由节能服务公司和用户共享，能源系统由节能服务公司托管。

能源费用托管模式，实现了能源管理的专业化，取代原有的物业公司、政府的机关服务单位等的能源管理部门，提供了整体的能源解决方案，是能源管理发展的趋势。此种模式在建筑领域的发展前景较好，特别适用于大型公共建筑、产业园区、政府机构办公建筑等大型建筑、建筑能耗大户。此种模式的市场潜力很大。能源费用托管型项目的托管期普遍较长，平均超过10年，最长为15年。

7.1.2 节能效益分享型

节能服务公司提供节能项目的全部资金和全过程服务，并按照合同规定的节能指标检测和确认节能量（或节能率）。合同期内节能服务公司与客户按照合同约定分享节能收益，合同结束后设备和节能效益全归客户所有，客户的现金流始终为正。

节能效益分享模式需要技术方案的保护。在执行项目合同前，双方有较为详细的、完整的约定，如气候条件等边界因素，或通过实时监控、引入第三方等方法确保合同顺利的执行。一些大型公共建筑等商业用户适于采用此种合同能源管理模式。节能效益分享型项目的分享期限平均超过4.5年。

7.1.3 节能量保证型

节能量保证模式下，由客户提供节能项目的全部或部分资金，节能服务公司负责提供全过程的服务，并且合同规定节能指标及检测确认的节能量（或节能率）。合同中将明确规定：如果在合同期内项目没有达到承诺的节能量，由节能服务公司赔付全部未达到的节能量的经济损失；如果节能量超过承诺的节能量，节能服务公司与客户按约定的比例分享超过部分的节能效益[1]。

根据中国的实际情况，对于政府机构办公建筑节能或由财政支持的节能项目适合采用此种模式，政府可以每年拿出一定经费作为节能减排的投入，对一定数量的政府建筑进行改造。

7.2　合同能源管理模式典型案例

7.2.1　建设银行总行办公楼节能改造（效益分享）

1. 项目概况

中国建设银行总行办公楼能源资源消耗种类包括电、天然气、水、采暖热量。2006年的总能耗为8352.85吨标准煤，能源消耗量较大。

2. 项目改造实施情况

建立能源信息管理平台。利用安装的能源管理信息系统软件，对能源消耗进行实时采集、计量、统计、诊断，为节能提供专业解决方案，同时通过网络对建筑楼宇的能源设备及能源消耗进行实时监测。在天然气、水、电、空调等系统中安装分项计量采集模块、信号接收器、传输线缆、信息管理中心，通过通信网络实现远程集中监控、管理，节能率6%～8%。

空调通风系统节能改造。安装全热交换器及线控器，接通户内与户外新风、排气、回风管道；安装智能控制装置及CO_2探测器、电动风阀等，联动系统运行直至功能实现。全热交换器具有热湿处理功能，同时还可能源回收利用，夏天将进气预冷及除湿，冬天将进气预热与加湿。其能源回收能力可以达到75%以上，降低了空调系统中冷量供应及耗电量。利用智能控制装置通过对室内空气品质（可用CO_2的浓度作指标）探测比较，可实现冷量节约与通风电机用电量的节约。综合节能率可达30%左右。

冷凝器自动清洗节能改造。针对冷凝器铜管内壁的水垢、藻类、锈渣等热阻大的污垢进行在线清洗，可去除结垢物，有效降低压缩机运行电流，减少电量损耗，从而实现节能。节能率可达6%～10%。

照明系统节能改造。用新型高效节能灯替代老式电感镇流器灯具。BM-T5组合式电子镇流器系统是一个发光效率高达120lm/W、光通量衰减小、在点燃1万小时后光通量维持率高达92%的高效节能灯具组合，可1W替代汞灯和钠灯5W。地面照度比原汞灯和钠灯提高1.5~2倍。

智能控制技术。将智能照明调控装置与微机进行智能联合控制，通过内置的专用优化控制软件，可以随时采集、分析和计算，控制内部的综合滤波电路，控制电流波形，补偿功率因数，吸收内部失真电流并循环转化为有用的能量，提高整体电源效率。节电率在25%以上。

蓄冷空调技术。安装双工况主机1000RT两台，TSC-296M冰盘管18台，乙二醇泵、冷却泵、负载泵各3台，板式交换器2台，500RT冷却塔2台，完成风、水、电三大系统制作、安装及与冷原设备的接驳与试运行。节能率可达34%。

3. 项目融资模式及经济效益分析

2006年为项目改造基年，年总电耗为1061万千瓦时，热用量约65700GJ，自来水用量约为20.5万吨，总计能源资源费用约为1518.73万元。节能改造后预计年能源费用为1176.34万元，年节能效益342.39万元，见表7.1。

表7.1　　　　　　　　2006基年改造前后资源消耗及经济效益情况

能源资源类型	单位价格（元）	2006年 耗量	2006年 费用（万元）	改造后预期 耗量	改造后预期 费用（万元）
电（kWh）	0.88	10611680	933.83	8016290	705.43
天然气（m³）	2.2	1459824	321.16	1174517	258.39
	炊事燃气2.4			33510	8.04
水（t）	3.25	205045	66.64	174289	56.64
采暖热量（GJ）	30	65700	197.10	49275	147.83
合计			1518.73		1176.34

项目总投资1000万元，其中ESCO公司承担20%，其余80%为世界银行贷款。项目收益按不同时期确定，表7.2为项目分享比例。

表7.2　　　　　　　　　　　项目分享比例

分享年份	ESCO 公司 分享比例	ESCO 公司 分享金额（万元）	建设银行 分享比例	建设银行 分享金额（万元）
1~3 年	90%	924.453	10%	102.717
4~6 年	80%	821.736	20%	205.434
7~8 年	70%	479.346	30%	205.434
9~10 年	60%	410.868	40%	273.912
合计		2636.403		787.497

4. 项目实施后效果

项目实施后，年可节约电 259.54 万 kWh、天然气 25.18 万 m^3、水 3.08 万 t、采暖热量 16425GJ，折合 1962.97t 标准煤，可减排 CO_2 达 22766.74t。

7.2.2　陕西省西安市西京医院节能改造（能源费用托管）

1. 项目概况

陕西省西安市第四军医大学第一附属医院（简称西京医院）建筑面积 45 万 m^2，床位 2200 张。2006 年，医院支出的水、电、蒸汽费用超过 4900 万元（见表 7.3）。一方面，不断攀升的能源费用不仅提高了医院的运营成本，也在一定程度上影响和制约了医院主业的发展。另一方面，后勤社会化改革是国家和军队大力倡导的后勤改革方向，其目标是引进市场机制，打破旧后勤体系，建立起高效率、低能耗的新后勤体系。

表7.3　　　　2006 年改造前医院水、电、蒸汽具体用量和费用

年份	费用合计（万元）	水 用量（万吨）	水 支出（万元）	蒸汽 用量（万吨）	蒸汽 支出（万元）	电 用量（万千瓦时）	电 支出（万元）
2006	4397	248.90	675.58	25.55	2022.79	4073.12	1698.63

2. 项目实施情况

2006 年，奥天奇公司与西京医院签订节能服务合同，节能改造工程资金

的投入和风险由奥天奇公司承担并管理其用能设备。项目实施完毕，在项目合同期内，双方按比例分享节能效益，按约定用户定期支付节能公司管理费用，由公司负责日常运营和后勤人员管理及设备的维修、维护等工作，项目合同结束后，先进高效节能设备无偿移交给用户使用，以后所产生的节能收益全归用户。风险由节能服务公司承担，效益共享，能源系统托管。

奥天奇公司出资对医院能源系统整体改造并管理，管理期为15年，医院把原属于后勤保障中心和营房科管理的水、电、蒸汽系统的运行、维护、技术改造、设备小修、大修及对各科室、住户的各项维修工作和运行、维修人员管理，整体打包移交给奥天奇公司，将后勤与节能管理工作相结合。项目一期采取的节能技术措施有混合式换热技术、气候补偿技术等，管理措施有建立24h用能实时监测制度，建立巡查制度和消除缺陷制度，建立用能供应制度。与医院合作，开展节能宣传、加强计量管理、完善二、三级计量设施、加强运行技术管理，建立健全设备管理制度，加强运行管理人员的培养，提高供热队伍的整体素质。

3. 项目改造技术

混合式换热技术—激波加热器。激波加热器工作原理：激波加热器是以蒸汽为热源的加热、加压装置，是一种直接混合式汽水换热器。其运行原理为：在一定的几何形状空间，高速气流、水流瞬间混合，会形成流态复杂的超音速流体，流体在收缩面末端克服音障，形成激波，激波锋面推动热水持续输出。因此在此设备中流体间除了发生质量和热量的传递之外，也发生热能向机械能的转化。表现的结果是对液体的瞬间加热和产生单向的、大于原系统状态的输出压能。也就是说激波加热器在系统中具有泵和热换器的双重作用。

激波加热器特点：激波加热器换热效率接近100%；换热效率恒定而传统间接式汽水换热器的换热效率随着负荷的增大和表面附着物的沉积而衰减；运行时系统封闭，隔绝氧气，防止腐蚀；兼有泵的功能，而传统间接式汽水换热器会增加系统阻力。

气候补偿控制系统。根据室外温度实时调节热煤水温度的成套自动控制系统控制思路：当室外温度变化时，一个供热系统应该能够根据采暖负荷随室外温度规律变化，对采暖用户供热系统运行参数（供水温度）适时进行调整，始终保持供热量与建筑物耗热量相一致，保证室内温度在不同室外温度情况下相对稳定，实现按需供热，在确保供热品质的前提下，实现供热机组最大限度地节能运行，避免热能浪费。

系统组成：气候补偿控制器、箱体、室外温度传感器、室内温度传感器，出、回水温度变送器，电动两通调节阀。

工作原理：气候补偿控制器储存有针对西京医院锅炉设计开发的锅炉最佳运行曲线，锅炉根据最佳运行曲线运行。当室外温度降低时，为了维持原有的室内温度，系统会自动控制加大电动两通阀开度，使室外管网进入换热器的热水流量多一些。此时采暖用户的供水温度会升高；反之，室外温度上升时，气候补偿控制器自动控制，适当减小电动两通阀开度，使室外管网进入换热器的热水流量少一些，此时采暖用户的供水温度会降低，锅炉的回水温度会升高，减少锅炉机组的输出负荷，达到节能运行的目的。

节能效果：通过实施改造，加装气候补偿控制系统，根据气候的变化调节合适的供暖温度。节能率约5％。

4. 项目融资模式及效益分析

项目资金来源：项目一期投资总规模1062万元，全部由ESCO公司自筹。

效益分享：西京医院的能源托管项目托管期为15年，分成在不同的时间段采用不同的比例，第一个3年2∶8，公司得8；第二个3年3∶7，公司得7；第三个3年4∶6，公司得6；第四个3年5∶5，公司得5；第五个3年6∶4，公司得4。

用户每年支付管理费用金额：200万元人民币。

医院能耗在医院零投入、零风险情况下，与2006年同期相比，2007年、2008年实现全年节约能源费用分别为1145万元、1217万元，见表7.4。

表7.4 西京医院改造后资源节约量及经济效益

日期	效益小计（万元）	水 节约量（万吨）	水 节能效益（万元）	蒸汽 节约量（万吨）	蒸汽 节能效益（万元）	电 节约量（万千瓦时）	电 节能效益（万元）
2006.12~2007.11	1145.87	38.93	140.20	8.71	956.45	65.80	49.22
2007.12~2008.11	1217.75	45.00	160.97	9.13	989.99	95.73	66.79
合计	2363.62	83.93	301.17	17.84	1946.44	161.53	116.01

5. 项目实施效果

节能效果：从项目实施到 2008 年 11 月，该项目共计节约蒸汽约 17.84 万吨；节约电能 161.53 万千瓦时；节约自来水 83.93 万吨。合计节约折合标准煤 2.37 万吨，减少 CO_2 排放 6 万吨。

经济效果：ESCO 公司到 2008 年年底共计投入资金 500 万元，两年节能效益分成共计 1890 万元，公司年均实现利润 460 万元，见表 7.5。

表 7.5　　　　　业主和 ESCO 公司项目收益情况　　　　　单位：万元

年投资计划	投资概预算	节能效益	医院节能分成	公司节能分成	备注
2006 年度	300				投资、施工年
2007 年度	100	1145.87	229.17	916.70	年维护、零星改造按 100 万元计
2008 年度	100	1217.75	243.55	974.20	
合计	500	2363.62	472.72	1890.90	
医院节能效益		472.72			
公司节能效益		1890.9 − 500 = 1390.9			

7.2.3　北京市人民政府行政办公楼节能改造（节能量保证）

1. 项目概况

总建筑面积约为 5.06 万 m^2，供暖面积 4.56 万 m^2，工作人员约 2480 人。共由 15 个独立建筑组成，其中部分建筑年代久远，西门门楼为 1903 年建造，6 号楼为国家文物保护对象，8 号楼为古建筑，大多数建筑为 20 世纪 70~90 年代建造。主要用能包括水、电、天然气、采暖。

2. 项目改造方案

围护结构：基建处、9 号楼、警卫连楼、西门综合楼、加油站外窗的传热系数大于《公共建筑节能设计标准》，计划在原有铝合金窗内侧上加一层塑钢中空玻璃平开窗，减少外窗的热损失；1 号楼、2 号楼、大食堂等将外门窗的密封条更换，减少空气通过缝隙渗入量。

采暖系统：将 1 号楼高区采暖主干管进行保温；原为珍珠岩或石棉保温瓦的采暖主干管及其他管道，更换为铝箔超细玻璃棉保温；在暖气罩上开启百叶片，加大对流及散热量提高采暖效果；暖气片更换为散热量较高的暖气片，更换2号站的采暖水泵，以达到适合工况。大楼冬季主要使用散热器集中采暖，因此计划对办公室和会议室散热器进行管路改造后安装恒温阀，以实现各自的温度控制。个性化的室内温度控制，不仅可以设定室内温度，在冬期使用散热器系统时，也可根据使用人员的舒适感觉调节室内温度。

照明系统：将不同功率规格的T8型荧光灯具改造成相应功率规格的T5型荧光灯具。部分楼道的白炽灯改造成节能型的荧光灯具；将电感镇流器改造成电子镇流器，每盏荧光灯具安装1个电子镇流器，即对于3个光源的灯具，选用一拖三的电子镇流器；对于2个光源的灯具选用一拖二的电子镇流器；将40W白炽灯改造成11W U型节能日光灯；对于未安装声控系统的楼道和楼梯照明系统，安装声控开光。

其他用能系统：将洗车房循环水池加大，过滤设备维修、保养。加一个水处理系统，水池容积达到$4\sim6m^3$，可以改善水质和节约用水。

3. 项目融资模式

本项目为"北京市30家政府机构节能改造项目"之一，项目所需资金统一由市发展改革委固定资产拨款解决。项目统筹工作由北京节能环保中心负责，项目竣工验收后移交业主单位负责运行管理。

4. 项目实施效果

节能效果：根据北京市人民政府行政办公楼节能改造方案，实施节能改造后年可节约热量7250.4吉焦，折算成标准煤247.7吨；年可节约电量73.65万千瓦时，折算成标准煤240.8吨，总节能量合计488.5吨标准煤。可减少排放的碳粉尘为332.2吨，CO_2为1217.8吨，SO_2为36.7吨，氮氧化合物为18.3吨。

经济效果：根据节能改造方案，实施节能改造后节能率为20.8%，每年可节约能源费用122.9万元，投资回收期为4.3年[2]。

7.2.4 浦发银行发放世行建筑节能项目贷款

2014年3月，浦发银行发放首笔世界银行—长宁区建筑节能和低碳城区建设项目贷款，金额为400万元。作为上海市政府的重点工程，世界银行—

长宁区建筑节能和低碳城区建设项目计划对长宁区内150幢2万平方米以上的楼宇进行节能改造。其中，世界银行为低息资金提供方，浦发银行和上海银行分别为项目执行机构。双方按照1:1的模式，即世界银行贷款1亿美元，执行机构配套贷款资金等值1亿美元，共同为长宁区新建建筑及现有建筑的节能改造提供政策及资金支持。作为绿色信贷的一种成熟模式，合同能源管理融资模式被成功应用在此次节能改造项目中。

在此项目中，采取的是合同能源管理未来收益权质押融资的模式。浦发银行为推行合同能源管理项目的节能服务企业提供资金，该企业以节能服务合同项目下将来的收益权作为质押从而取得该资金[3]。方案模式如图7.1所示。

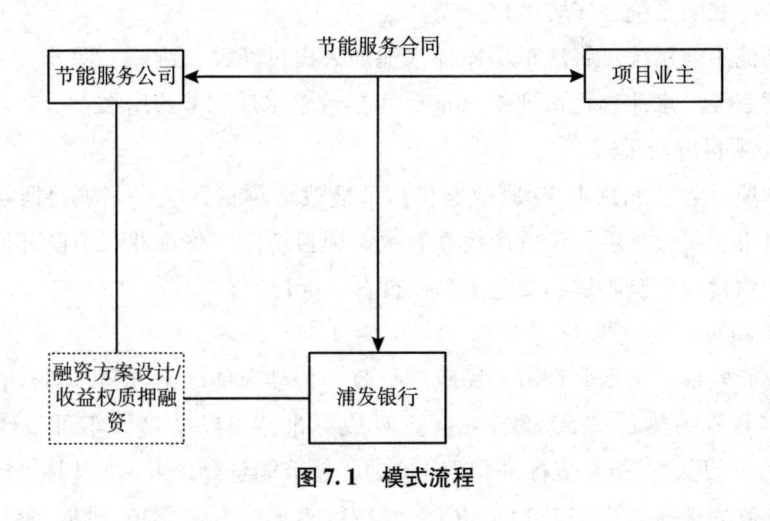

图7.1 模式流程

此方案融资期限更加灵活，打破了传统的信贷模式，有效解决了中小型节能服务公司因抵押不足而无法融资的问题，使企业资金能够快速周转，提升企业活力；同时，依靠浦发银行的项目经验，合理地估算不同类型项目可以节约的能量，合理地估算企业未来现金流，为企业设计良好的融资方案。

第 8 章
对银行开展合同能源管理业务的建议

8.1 银行开展合同能源管理业务现状

由于中国以合同能源管理机制为核心的建筑节能市场业务尚处于起步阶段，中国节能服务产业的市场规模并不大，对银行来说，也难言多大的业务空间。但是，节能服务产业的发展给银行提供了一个切入整个节能产业的突破口，合同能源管理独特的商业模式和节能服务公司广泛的上下游客户资源，才是真正吸引银行参与提供合同能源管理项目融资的原因。

近年来，虽然合同能源管理产业本身仍然存在一些银行介入的障碍或风险。但随着国家对社会节能要求的不断提高和对节能支持力度的不断加大，一些制约产业发展的"瓶颈"正在陆续被打破，特别是银监会发布绿色信贷指引，使节能服务公司打破资金"瓶颈"成为可能。绿色信贷指引鼓励银行等金融机构根据节能服务公司的融资需求特点，创新信贷产品，拓宽担保品范围，简化申请和审批手续，为节能服务公司提供项目融资、保理等金融服务。节能服务公司实施合同能源管理项目投入的固定资产可按有关规定向银行申请抵押贷款。

在此背景下，浦发银行、北京银行、光大银行、兴业银行、交通银行、平安银行等相关银行纷纷开发了针对合同能源管理项目的新兴金融产品，陆续介入节能服务业和合同能源管理市场（见表8.1）。其中，浦发银行已经形成了目前业内最全、覆盖低碳产业链上下游的绿色信贷产品和服务体系。截至 2015 年末，该行绿色信贷余额超过 1700 亿元，涉及钢铁、水泥、煤炭、化工、热电、市政、有色、陶瓷、食品、装备制造、通信以及可再生能源等行业，相当部分为时下快速成长的合同能源管理项目[1]。

表 8.1　　　　　　　国内部分银行合同能源管理业务开展情况

序号	银行	主要情况
1	浦发银行	2012 年 12 月，浦发银行推出《绿创未来——绿色金融综合服务方案 2.0》，形成覆盖低碳产业链上下游的绿色信贷产品和服务体系，包括"五大板块、十大创新产品"
2	北京银行	2011 年 4 月，北京银行与 EMCA 签署战略合作协议，计划 5 年内为 EMCA 会员提供 100 亿元意向性授信。北京银行以未来收益权质押为核心，提出"节能贷"金融服务方案，并可根据企业承揽项目采取打包授信支持方式，目前已为多家企事业单位提供节能贷款
3	光大银行	作为国内首家"碳中和"银行，光大银行 2010 年推出"光合动力"低碳金融模式化业务。该业务是根据合同能源管理运营机制和项目特点开发出来的融资服务，为具有核心技能技术、拥有特定行业客户资源优势的节能服务商，具有持续创新能力、自主生产节能产品的节能设备供应商或具有节能减排融资需求的用能企业提供量身定制的金融服务
4	兴业银行	作为中国首家"赤道银行"，兴业银行从 2007 年开始介入合同能源管理，至 2015 年末累计为 6000 余家企业提供绿色金融融资 8046 亿元，绿色金融融资余额达 3942 亿元
5	农业银行	2013 年 1 月，农行成功办理首单"合同能源管理（EMC）融资"业务，为山东钢铁股份有限公司"干熄焦技术改造项目"提供节能减排咨询顾问服务及融资服务，正式介入合同能源管理市场
6	广发银行	2015 年 8 月，上海市能效中心与广发银行上海分行签署战略合作协议，广发银行上海分行将全面发展小企业绿色能源信贷业务，掘金合同能源管理"蓝海"

资料来源：中国建设银行研究部。

8.2　合同能源管理业务的挑战与应对措施

8.2.1　目前合同能源管理业务的挑战

尽管合同能源管理在中国已发展多年，相关银行产品也早已推出，但至今也没有哪家银行形成规模，合同能源管理项目往往被银行标上"高风险项目"的标签，节能服务公司融资难、资金紧张在业内仍是普遍现象，有些节能公司不敢接大单，影响了公司发展，甚至不得不关门停业。究其原因，银行开展合同能源管理金融服务面临着内外两方面的挑战。

来自银行外部的挑战主要是节能服务产业自身存在的问题。一方面，中国节能服务公司约70%都是中小型企业，分属技术依托型、市场依托型或资金依托型，整体规模较小，大多属于轻资产企业，可抵押资产少，缺乏良好的担保条件，自身融资能力很弱；另一方面，由于缺少独立的第三方对项目节能量进行评估，用户和节能服务公司对节能效果说法不一，再加上缺乏节能服务标准等因素，一些企业以各种理由故意延迟支付甚至不支付节能分享利润，打击了节能服务公司的积极性，同时给以应收账款质押或保理方式提供融资的银行造成授信风险。

来自银行内部的挑战主要是对技术不了解，对项目不了解，对它所服务的对象不了解。节能服务涉及的下游产业众多，服务地区跨度大，节能技术复杂多样，银行缺少相关经验和专业人员对项目的技术可行性、盈利能力和风险等进行客观判断，市场中也没有独立第三方可以提供帮助，银行必然对此类项目持谨慎态度。在 IFC 与国内银行的合作中，国际金融公司拟定了一系列合格能效项目标准，帮助银行识别、控制技术风险，并由该公司参与决定是否提供项目融资。

8.2.2　推动合同能源管理金融服务需要多方支持

从当前节能服务产业发展状况看，要改善金融服务不仅需要银行有创新的思路和措施，也离不开政府、银行监管机构的政策支持与引导，共同为产业发展创造良好内外环境。

政府部门应着力培育市场主体、规范市场秩序，通过财税政策、产业政策等扶持节能服务公司做大做强；制定完善节能服务公司市场准入标准、节能技术和节能量标准，推广节能计量装置的应用；建立合同能源管理用能企业信用系统，对存在恶意拖欠节能分享款项的企业向社会公示；发展权威的独立第三方节能评估机构，负责节能技术和节能效果评估；大力支持银行开展合同能源管理金融服务，建立风险分担和补偿机制。

银行监管机构应加大对合同能源管理金融服务的激励力度，对于产品和服务创新力度较大、经济效益和社会效益较好的银行，可在授信规模、市场准入方面予以政策倾斜；节能贷款发展初期，适当提高对不良贷款的容忍度，试行尽职免责，合理确定免责范围，消除银行工作人员的顾虑；加强对银行的指导和帮助，制定节能贷款授信指引，引导银行科学选择节能行业客户和项目，督促银行将节能贷款纳入规范管理。

作为银行要加快金融创新，积极开发与节能有关的金融产品，依托政府、国内外金融机构、行业协会的支持和协作，为客户推出量身打造的金融服务方案；根据节能行业产业链、客户链，大力拓展核心客户群特别是有价值的中小企业客户群体；加强对节能行业的研究分析，做好人员储备、制度建设，切实防范授信风险[2]。

8.2.3 银行金融服务的风险防范

1. 信用风险

信用风险主要指合同能源管理公司或用能单位因经营恶化而导致其履约能力下降并对银行造成损失的风险。防范措施主要包括严格按照准入标准选择合同能源管理公司，审慎考察用能单位资信，落实未来收益权质押与账户监管，在未来收益权质押的基础上积极争取增加合同能源管理公司实际控制人及用能单位连带责任担保等信用增级措施，用于增加二者的履约意愿。

2. 项目风险

项目风险影响等级高，主要包括4个方面。

①合同风险，指因合同能源管理公司与用能单位签订的合同能源管理合同存在瑕疵，以致在合同执行当中或产生纠纷后解决时产生风险；②技术风险，主要表现为合同能源管理项目技术成熟度低、应用案例不足、系统集成技术的可靠性难以验证等；③工程施工风险，即能否按合同约定的进度及预算保证质量地完成合同能源管理项目的工程施工；④运营风险，指项目运营期间的节能减排效果是否达到预期，以及后期维护保障程度。

项目风险的防范措施主要是严格审核合同能源管理合同，通过绿色金融专业产品经理和风险经理联合参与尽职调查等方式强化银行经营机构对合同能源管理项目的考察，借助外部服务机构的专业能力审慎评估项目选用技术以及项目节能效益，加强贷后管理。

3. 操作风险

操作风险主要涉及银行贷款流程不合规或操作失误等的风险。防范措施主要是加强银行经营机构的尽职调查力度，严格执行银行相关管理制度的规定，确定流程合规、责任明确、监督到位[3]。

8.3 浦发银行绿色信贷业务开展的经验

浦发银行作为国内银行中绿色信贷业务的先行者，在建筑节能融资方面做出了许多有益的探索和创新的产品。2010年以来，浦发相继推出了五大绿色信贷板块和十大特色产品，形成了全方位服务方案与特色产品并行的二维金融服务。

其中，五大绿色信贷板块是：能效融资、可再生能源融资、环保金融、碳金融和绿色装备供应链融资；十大特色产品包括：IFC 能效贷款、AFD 绿色中间信贷、ADB 建筑节能贷款、合同能源管理未来收益权质押贷款、合同能源管理保理、碳交易财务顾问、国际碳保理、排污权抵押贷款、绿色 PE 和绿色债务融资工具。

8.3.1 创新融资模式

为抢占行业引领者的先机，浦发银行成立了总行级绿色信贷创新小组，多方面创新融资模式。

（1）2010年以来，浦发银行继续全面加强与国际金融公司（IFC）、法国开发署（AFD）等国际金融机构的战略合作，引入国外长期低成本的转贷资金。截至目前，浦发银行和法国开发署合作的中间信贷贷款已发放超过10亿元，和国际金融公司合作的能效贷款近10亿元，全行累计三年发放绿色信贷超过1000亿元。2011年5月16日，该行作为亚洲开发银行的首家中资银行合作伙伴，获得亚开行3亿元的部分损失分担，成为国内商业银行中第一家推出建筑节能专项融资产品的金融机构，为建筑节能改造提供融资支持。

（2）该行积极探索发展碳金融：通过碳（CDM）交易未来收益权和合同能源管理保理，帮助中小节能减排企业盘活资金，提前获得收益；通过合同能源管理未来收益权质押，有效解决中小节能服务公司担保难和融资难的问题。

（3）浦发银行积极探索通过"直接股权融资＋间接银行融资"的绿色股权融资方式，为中小节能减排企业引入股权投资资金，支持其快速发展。

（4）该行与建筑节能总承包商合作，以"1＋N"模式，批量化发展建筑节能融资。

（5）该行通过绿色债务融资工具，助力节能环保企业调整融资结构，降低融资成本。同时，针对中小企业融资难和担保难的现状，该行加大对担保方式的创新，引入国际权威金融机构损失分担机制和技术援助，加强与担保公司合作，实现批量化运作，并推出合同能源管理未来收益权质押担保等担保模式，通过传统担保和创新担保模式的有机结合，促进中小企业信用增级[4]。

8.3.2 创新管理模式

对国内银行而言，由于目前绿色金融业务尚处于萌芽阶段，缺少现成的模式可供模仿，因此须投入较多精力研究行业特点、开发产品与服务模式，并指导相关解决方案在分支行有效落地，传统公司银行业务的管理模式已无法适应绿色金融的发展要求。为此，浦发银行在管理模式上，也进行了相关突破。

（1）浦发银行为绿色金融服务构建了专业化服务平台，对分行绿色信贷给予专项规模并开辟绿色审批通道的同时，在总、分行分别组建了绿色信贷专业团队，依靠专业化运作、垂直化管理，为绿色产业发展提供专业化服务。该行还通过强化绿色金融专业培训、编制绿色信贷指导手册等方式，提升专业人员素质。

（2）该行不断提高银行的技术评估能力。鉴于节能环保产业涉及面广、专业性强、技术风险较高等特点，浦发银行加强与国际金融公司、法国开发署、亚洲开发银行、国家发改委能源研究所等方面的合作，建立了项目技术评估援助渠道，提高了绿色信贷技术评估能力。

浦发银行的发展理念表明，发展绿色金融，既是银行履行社会责任的主旨，也是该行在国内银行竞争日趋激烈的情况下，积极寻找市场空白，在前沿业务领域打造企业核心竞争优势的战略举措。该行还将不断创新产品与服务，使绿色金融成为其优势与特色，推动该行向中国低碳银行领跑者目标不断迈进。

8.4 银行推出合同能源管理相关业务建议

虽然当前中国已经有部分银行开展了合同能源管理的相关业务，但仍然有相当一部分银行并没有或正准备推出此类业务。对于这部分银行，介入合同能源管理领域可在准确把握中国合同能源管理的现状及趋势的基础上，充分借鉴领先者的经验和教训，重点关注以下9个方面：

（1）在政策导向上，鼓励探索推出合同能源管理相关业务。虽然节能服务业和合同能源管理市场仍然存在一定的风险，但其持续较快的发展速度和逐步趋向宽松化的融资环境，说明合同能源管理市场的总体发展正在趋于改善。在现阶段，银行探索合同能源管理相关业务，不仅有利于积累管理经验，缩短与主要同业之间的差距，培养未来新的利润增长，而且有利于树立商业银行"绿色金融"的良好社会形象。

（2）在产品研发上，以重点产品为核心，逐步形成"绿色金融"综合服务体系。建议把合同能源管理业务纳入"绿色信贷"体系之中进行系统研发，形成具有统一专属商标，可以涵盖合同能源管理、节能减排、供应链金融等领域，包括绿色信贷、金融租赁、企业债券、中小企业集合债券、短期融资券、中期票据、上市服务等产品或服务的"绿色金融"综合服务体系。具体到合同能源管理业务方面，建议结合合同能源管理的市场现状及主要同业的先期实践，前期应以未来收益权质押等相关问题研发为核心，重点可研发"合同能源管理保理"和"未来收益权质押融资"等产品。

（3）在业务营销上，加强与政府有关部门合作，重点营销政府备案和推荐的企业。当前国家发改委和财政部对节能服务公司实行备案制度,只对备案的企业实行专项财政奖励和税收优惠政策。截至目前,国家发改委已经备案了 5 批节能服务公司,工信部备案了 3 批节能服务公司,备案企业总数量达到 3300 多家。节能服务产业是近阶段政府积极扶持的重点产业领域。通过加强与有关部门的战略合作,不但有利于识别优质目标企业客户和项目,而且有利于拓展其他领域的机构业务。

(4) 在行业管理上,突出工业、建筑、交通运输等领域。目前,中国工业、建筑和交通运输是能耗占比居前的三大行业。其中,工业耗能占比 67%,建筑能耗占比 24%,交通运输占比 7%,三个行业合计占到全社会能耗的 98% 以上。与此相适应,当前开展的合同能源管理主要侧重在工业(特别是热电)、建筑和交通等领域(见图 8.1),这些领域的技术和项目运作管理相对成熟。为了有效降低风险,商业银行介入合同能源管理前期应以这些领域为重点。同时,对于合同能源管理,建议行内在行业列表分类中给予一定的重视、关注和支持。

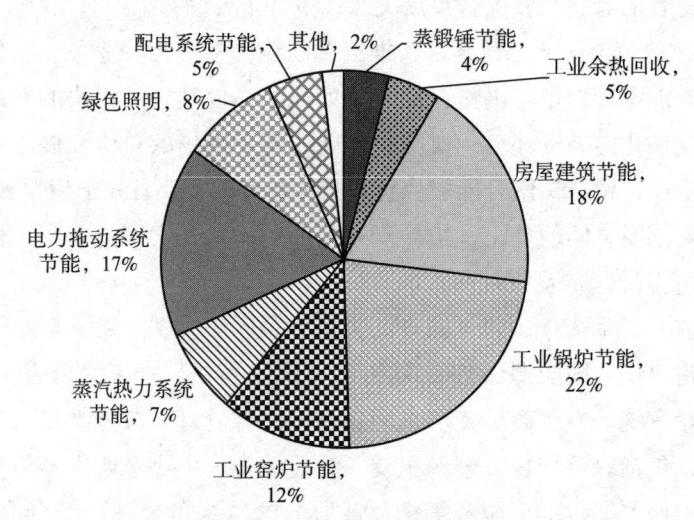

图 8.1 中国合同能源管理项目类型分布

资料来源:民生证券股份有限公司。

(5) 在区域管理上,以东部地区特别是"两洲一海"地区为重点。当前中国节能服务产业已在全国范围内有所布局,初步形成了以环渤海、长三角、珠三角和中西部地区等四大区域聚集发展的产业空间布局，但各区域的发展并不平衡。在各区域内，又形成了以各省中心城市带动区域发展的格局。其中，环渤海地区节能服务产业基础比较好，是中国节能服务产业和企业最为聚集的地区；长三角地区在人力资源、技术开发转化、资金支持等方面具有优势；而珠三角地区，如广州、深圳等地，则凭借众多产业的协同发展，在能源管理、系统优化领域发展迅速。商业银行介入合同能源管理，应结合节能服务业和合同能源管理的区域特点，实行信贷、财务等资源的差别化管理政策。

（6）在客户甄选上，优先选择实力强的优秀企业和品牌企业，做好节能服务公司名单制管理。近年来，中国从事节能服务的企业无论是数量还是质量都取得了长足的发展。特别是一些主要用能行业的大型用能企业纷纷设立了自己的节能公司，大大优化了行业结构。商业银行介入合同能源管理市场，先期可优先选择这类实力相对较强的企业和其他优秀企业作为目标客户群体[4]。

（7）在人才培养上，由于目前中国商业银行普遍缺乏在节能政策、技能技术标准等方面的专业人才，对合同能源管理方面缺乏较为深入的了解，客观上阻碍了银行对该类业务的介入。银行可通过在总分行层面组建专职的绿色信贷团队，透彻掌握合同能源管理项目，依靠专业化运作、垂直化管理，支持指导全行合同能源管理业务。

（8）在国际合作上，商业银行可积极与世界银行、国际金融公司、亚洲开发银行等国际金融机构开展合作，借助外方的资金、技术援助实施合同能源业务，提高自身节能环保领域的专业能力和绿色信贷的技术风险控制能力，并在获得外部技术评估支持的前提下建立自身技术评估体系和技术评估流程。

（9）在风险分担上，一方面，对于节能服务公司的财政奖励资金，商业银行可与之约定在贷款行开立专用账户用于接收专项资金，并由双方按要求办理账户质押，作为第一还款来源的补充。另一方面，对于金额较大的合同能源管理项目，银行可建议客户采取多种融资途径，通过推荐合作的融资租赁公司、金融租赁公司等，采取部分资产融资租赁的形式分担银行风险[5]。

下篇

建筑节能必备知识与应用

第 9 章
通用建筑节能技术、关键性技术及能源审计

9.1 通用建筑节能技术

建筑节能是一项综合多门学科、连接多个领域、涉及多个层面的重大工程。首先，它由材料、建筑设计、施工、采暖、通风、空调、照明、电器能源、环境、计算机、经济、管理等多学科交叉结合而成；其次，它贯穿了城市规划、建筑结构设计、建筑施工、供暖制冷系统安装、物业管理、设备运行等众多环节；最后，它牵涉钢材、水泥、玻璃、塑料、金属、木材等各类建筑材料和构配件的生产制造，以及采暖、通风、空调、照明等设备的安装使用，带动着一个庞大产业群的发展。因此，建筑节能是一项复杂而艰巨的任务。

按照气候条件的差异，中国可分为采暖区和非采暖区，其中采暖区包括严寒和寒冷地区，则建筑可由此划分为采暖建筑和空调建筑。在采暖建筑中，建筑能耗损失主要是通过围护结构的传热和门窗缝隙的冷风渗透两方面造成的，建筑能耗的大小受体形系数、围护结构传热系数、窗墙面积比、换气次数、建筑物朝向等多种因素的影响。采暖建筑节能的关键是减少冬季室内热量向室外传递，其节能途径在于：减小建筑物体形系数、外表面积及加强建筑物外墙、门窗和屋面等围护结构的保温隔热性能，减少传热耗热量；提高

门窗的气密性，减少空气渗透耗热量；改善采暖供热系统的设计和运行管理，提高锅炉或其他采暖设施的运行效率。在空调建筑中，建筑能耗损失主要是通过太阳辐射进入室内、围护结构传热和门窗缝隙空气渗透等方面造成的，空调负荷的大小受围护结构热阻和蓄热性能、窗墙面积比、窗户遮阳状况、房间朝向和房间热容量等因素的影响。空调建筑节能的关键是减少夏季室外热量向室内的传送，其节能途径在于：设计时尽量避免东西朝向的房间或东西向的窗户，采取遮阳措施减少太阳直接辐射的热；提高围护结构隔热性能，减少热传导的热；加强门窗气密性，减少空气渗透的热；采用厚重材料作内围护结构，降低空调负荷峰值；采用高效节能空调设备或制冷系统，提高空调运行效率[1]。

从降低采暖空调能耗、降低建筑照明和其他电器耗电、降低大型公共建筑耗能这三个建筑节能的主要任务出发，关键的建筑节能技术可主要归纳为[2]：

（1）建筑物优化设计；

（2）新型建筑围护结构材料与物品；

（3）通风装置与排风热回收装置；

（4）热泵技术；

（5）集中供热调节技术；

（6）降低输配系统能耗的技术；

（7）温度湿度独立控制的空调系统；

（8）大型公共建筑的节能控制调节；

（9）节能灯、节能灯具和照明的节能控制；

（10）建筑热电冷三联供系统；

（11）太阳能等可再生能源在建筑中的应用。

其中第（1）~第（2）项是降低各类建筑的采暖空调负荷，改善自然采光效果，提高太阳能、自然通风和围护结构蓄能等非常规能源利用的效果，是实现上述建筑节能主要任务的基础；第（3）~第（5）项是降低采暖能耗的关键技术；第（6）~第（8）项是降低大型公共建筑的主要途径；第（9）项的目的是减少各类建筑的照明能耗；第（10）~第（11）项是未来新的建筑能源全面解决方案，将使未来建筑耗能进一步降低，同时建筑不再仅仅是消耗能源的末端环节，而成为能源生产、转换和储存的单元，成为整个能源供应与转换系统中的重要环节。

节能技术进一步细化如下：

（1）围护结构方面：墙体保温技术、遮阳技术、双层皮幕墙技术、呼吸窗技术、屋顶保温和遮阳技术等；

（2）采暖相关：分户调节控制与计量技术等；

（3）天然气利用技术：三联供技术等；

（4）热泵技术：地源和水源、地表水/污水、空气源技术等；

（5）大型公共建筑技术：蒸发冷却、温湿度独立控制、用电分项计量等；

（6）建筑用电系统节能：建筑用电系统节能、照明节能设计、灯具等；

（7）建筑围护结构保温隔热技术：围护结构保温技术、外墙和屋顶的保温技术、玻璃特性（Low-e）和遮阳、带热回收的通风换气窗、双层皮幕墙等；

（8）集中供热系统的末端调节与调峰技术：燃煤燃气联合供热技术、电厂余热利用技术、燃气烟气冷凝热回收技术、分栋计量，分户"通断调节"技术、分栋供水温度可调的采暖方式等；

（9）热泵技术：原生污水水源热泵、地源热泵适宜性评价、地下水水源热泵适宜性评价、地表水、海水、中水水源热泵适宜性评价、利用热泵技术的生活热水制备技术、利用二氧化碳热泵制备生活热水等；

（10）大型公共建筑节能技术：燃气吸收式制冷机、冰蓄冷技术、水蓄冷技术、冷却水、冷却塔系统的节能技术、空调水循环系统的节能技术、全空气系统的节能技术、温度湿度独立控制的空调系统、应用于西北干燥地区大型公共建筑的蒸发冷却技术、变制冷剂流量的多联机系统等；

（11）热电联产、区域供冷、热电冷联产和分布式能源系统：各种热电联产发电装置介绍、燃煤热电联产供热、区域供、燃气式区域性热电联产和热电冷联产、建筑热电冷联供系统等；

（12）太阳能建筑应用技术：太阳能热水系统、太阳能采暖系统、太阳能空调系统、太阳能光伏建筑集成系统等；

（13）农村建筑节能技术：生物热制气技术、秸秆压缩技术、沼气技术、吊炕技术等；

（14）农村室内环境综合改善技术：用电系统节电技术、电动机变频技术、节能灯技术、调压产品、绿色照明等。

上述任何一项和建筑节能有关的技术及措施都有其适用条件。只有在适宜的气候带，针对建筑的特点，这些节能技术措施才能充分发挥有效的节能效果。而超越出这一使用范围，就很难产生真正的节能效果，有时甚至还会导致实际运行能耗的增加，需合理考虑，慎重选择。

9.2 典型行业的关键性节能减排技术

9.2.1 电力工业

（1）600MW 及以上高参数、大容量、高效率发电超临界、超临界压力燃煤发电机组技术；

（2）500kV 超高压大容量、长距离、安全经济电网技术；

（3）直流 ±800kV 特高压大容量、远距离、安全经济输电技术；

（4）交流 1000kV 特高压大容量、远距离、安全经济输电技术；

（5）300MW 及以上大型循环流化床锅炉高效洁净煤发电技术。

9.2.2 冶金（钢铁、有色金属）行业

（1）连铸连轧、热装热送工艺；

（2）高炉、转炉、焦炉煤气回收利用技术；

（3）提高高炉喷煤比技术；

（4）复杂难选铜、铅、锌矿选矿及尾矿综合利用技术；

（5）300kVA 以上电解铝预焙电解槽双平衡控制技术；

（6）锌冶炼过程富氧强化焙烧及加压浸出工艺技术。

9.2.3 化工行业

（1）合成氨工业能量系统优化技术；
（2）离子膜法烧碱生产技术；
（3）硫酸法钛白废硫酸综合处理及回收技术；
（4）双加压法生产硝酸技术；
（5）电石渣制水泥技术。

9.2.4 建材行业

（1）水泥新型干法窑外分解技术；
（2）节能粉磨设备改造和水泥窑余热发电技术；
（3）陶瓷、玻璃窑炉改造技术；
（4）新型建筑保温隔热墙体材料。

9.2.5 煤炭行业

（1）煤矿瓦斯发电技术；
（2）重介选煤技术；
（3）煤矸石综合利用技术。

9.2.6 机械行业

（1）大型高效发电设备、清洁可再生能源发电设备设计制造技术；
（2）电机变频控制节电关键技术及智能化变频成套开关技术及其装备；
（3）面向材料资源节约的大型机电装备产品设计制造技术。

9.2.7 轻纺行业

（1）制浆造纸低能耗蒸煮工艺、封闭筛选、氧脱木素、无元素氯和全无氯漂白技术；造纸机采用新型成型反压榨、全封闭气罩、热泵技术；
(2) 白酒业和酒精业节能、减排、增值综合技术；
(3) 锅炉废气净化石膏型卤水技术；
(4) 纺织丝绸行业水、碱及余热的回收和循环利用；
(5) 印染高效短流程前处理技术；
(6) 稀土催化燃烧节能技术和机动车尾气催化净化技术。

9.2.8 可再生能源领域

(1) MW 级并网聚光光伏（CPV）示范电站；
(2) 利用植物开发生物柴油及产业化示范工程；
(3) 大型风力发电设备研发。

9.3 企业能源审计概况

9.3.1 企业能源审计的概念与意义

企业能源审计是由节能主管部门授权的能源审计机构和具有资格的能源审计人员依据国家节能法规和标准，对企业的能源利用状况进行审核和评价。通过把审计的管理和控制方法，引入企业的能源管理工作中，帮助企业合理使用能源资源，提高能源利用效率，实现可持续的发展。

企业能源审计的作用在于：①更好地贯彻落实国家节约能源的政策、法规和标准；②对企业能源消费起到监督和考核作用；③对企业能源生产和进行能源管理起到指导作用；④推动和促进新兴能源和可再生能源的开发和利用。

企业能源审计主要根据《中华人民共和国节约能源法》《重点用能单位节能管理办法》《中国节能产品认证管理办法》《企业能源审计技术通则》《节能监测技术通则》《工业企业能源管理导则》等国家法律法规和政策。

9.3.2 能源管理的类型

1. 初步能源审计

这种审计的要求比较简单,只是通过对现场和现有历史统计资料的了解,对能源使用情况和生产工艺过程作一般的调查,所花费时间也比较短,一般 1~2 天,其主要工作包括两方面:一是对企业能源管理状况的审计;二是对企业能源统计数据审计分析。

通过对企业的能源管理状况的审计,可以了解企业能源管理的现状,查找能源管理上的薄弱环节。特别是重点用能设备与工艺系统的能耗指标分析(如发电机、锅炉、加热炉、空压机等),若发现数据不合理,还需要进行必要的测试,取得较为可靠的基础数据,便于进一步分析查找设备运转中的问题,提出改进措施。初步能源审计可以找出明显的节能潜力以及在短期内就可以提高能源效率的简单措施。

2. 全面能源审计

对企业用能系统进行深入全面的分析与评价,就要进行详细的能源审计。这就需要全面地采集企业的用能数据,必要时还要进行用能设备的测试工作,以补偿一些缺少的数据,进行企业的能源实物量平衡,对重点用能设备或系统进行节能分析,寻找可行的节能项目,提出节能技术改造方案,并对方案进行经济、技术、环境等方面的评价。

3. 专项能源审计

根据政府和企业的要求,针对用能单位能源锅炉和利用的某一方面或环节(联产企业指标的审核、资源综合利用项目的能源审计、节能投资审计等)进行的能源审计称为专项能源审计。在初步能源审计的基础上,发现企业的某一方面或系统存在着明显的能源浪费现象,可以进一步对该方面或系统进行封闭的测试和审计分析,查找出浪费的具体原因,提出具体的节能改造项目和措施,并对其进行定量的经济技术评价分析。

9.3.3 企业能源审计的内容

企业能源审计的实质一是对能源流向的追踪,二是对能源工艺工序的追踪，三是对能源费用的追踪。具体而言包括以下内容：

(1) 能源的管理状况。

①管理情况：相应机构、人员、职责；

②节能法规：政策、法规、标准等执行情况；

③制度落实：购进、化验、计量、统计、仓储、财务；

④指标体系：定额、单耗、目标规划、奖罚措施等。

(2) 能源的消费状况。

①消费主体：总公司、分公司、工序、设备；

②消费指标：按品种、数量、价格、流向等，编制能源实物消费平衡表。

(3) 主要能源利用系统配置和运行情况。

(4) 主要耗能设备的测试和计量仪表检查。

①对部分锅炉、变压器、电机、风机、水泵等能耗设备运行效率的测试，汇总制表；

②对部分供热、供气、供电、供水等输配管道、线路输送效率的测试；

③对各种计量仪表的配备、精度、种类、范围检查，要符合新标准 GB17167–2006 的要求；

④对理化分析的采样、制作、计算等方法检查核对；

⑤对照明、采暖、通风、办公、建筑等检查。

(5) 对能源统计资料的核查核对。

①利用能量守恒的原理，借鉴财务审计方法，对企业审计期内能源购进、运输、计量、质检、使用、库存、生产、销售等情况进行审计核查；

②对企业各种生产统计报表、原始记录、理化分析报表、财务报表及相关凭证等进行检查核对、核算；

③现场调查：查看现场，走访员工，召开座谈会；

④盘查库存。

(6) 对主要能耗指标和定额管理的确定和评价：主要包括产值、产品、车间（分厂）、工序、机台等。

(7) 对基本建设和技改项目的分析评价。

(8) 对企业节能指标、经济效果、综合利用程度和环境效果分析评价。

9.3.4 企业能源审计的方法

能源审计的方法可以看成一种全面、综合、系统、客观科学的企业能源利用分析评价方法。其主要包括以下方面：

（1）产品产量核算方法。

①产品产量指合格产品的数量；

②非标准品应当折算成标准品；

③在制品、半成品要折算成制成品；

④多种产品按产值计算；

⑤产品产量准确性非常重要，它作为分母，是计算各种能耗指标的重要依据。

（2）能源消耗数据的核算方法。

①企业能源物资消耗的数据和与之对应的产品生产时间和使用范围应该一致；

②核定企业外购能源数量和品质：运耗、储损、质量、杂质、计量不准、结算不准、折标不准等最终都影响能耗；

③企业能耗应减去外加工、外销、外供部分；

④企业能耗应加上生产辅助系统用能与损失的数量：一是企业如实提供；二是审计人员要认真核查。

（3）企业能耗指标"对标"分析评价。

①生产系统单位产品能耗（可分解成分厂、车间、工段小指标）；

②企业单位产品能耗（含辅助生产体系、办公、机修、化验、研发等）；

③企业单位产值能耗（对多种产品，产品计量单位不同时）；

④主要用能系统和设备能源利用效率指标。

对标要注意三个方面：一是与企业历史最好水平，行业先进水平，国际先进水平对比；二是与设计指标对比；三是企业间规模、设备、原料、工艺不尽相同，不能简单对比。

企业能源利用分析评价的重点：一是能源基础管理方面；二是能源计量统计；三是工艺（工序、设备）技术。

(4) 节能改造和节能技改项目计算分析。

①节能基础管理障碍及整改建议；

②能源计量改进建议；

③能源统计改进建议；

④节能技改项目的技术先进性、实用性及节能减排。

(5) 企业能源利用状况的综合评价方法。

①企业能源转换系统或主要耗能设备的能源转换效率与负荷合理性的分析评价；

②企业生产组织系统与能源供应系统的合理匹配分析评价；

③按企业能源流程进行合理用热、合理用电、合理用水、合理用油的分析评价；

④企业用能设备及工艺系统的分析评价；

⑤企业能源利用的经济效益分析评价；

⑥企业能源综合利用水平和环境效果的分析评价。

(6) 企业能源管理（管理节能）诊断分析评价方法。

①合理组织生产，利用电网低谷组织生产，均衡生产，减少机器空转，各种用能设备是否处在最佳经济运行状态；

②合理分配能源，不同品种、质量的能源应合理分配使用，减少库存积压和能源、物资的超量储备，提高能源和原材料的利用效率；

③加强能源购进管理，提高运输质量，减少装运损耗和亏吨，强化计量和传递验收手续、提高理化检验水平，按规定合理扣水扣杂等；

④加强项目的节能管理，新上和在建、已建项目是否做了"节能篇"论证，核算其经济效果、环境效果和节能效益是否达标；

⑤规章制度落实情况，企业能源管理各种规章制度是否健全合理，是否落实到位。

9.3.5 企业能源审计的流程

企业能源审计流程如图9.1所示。

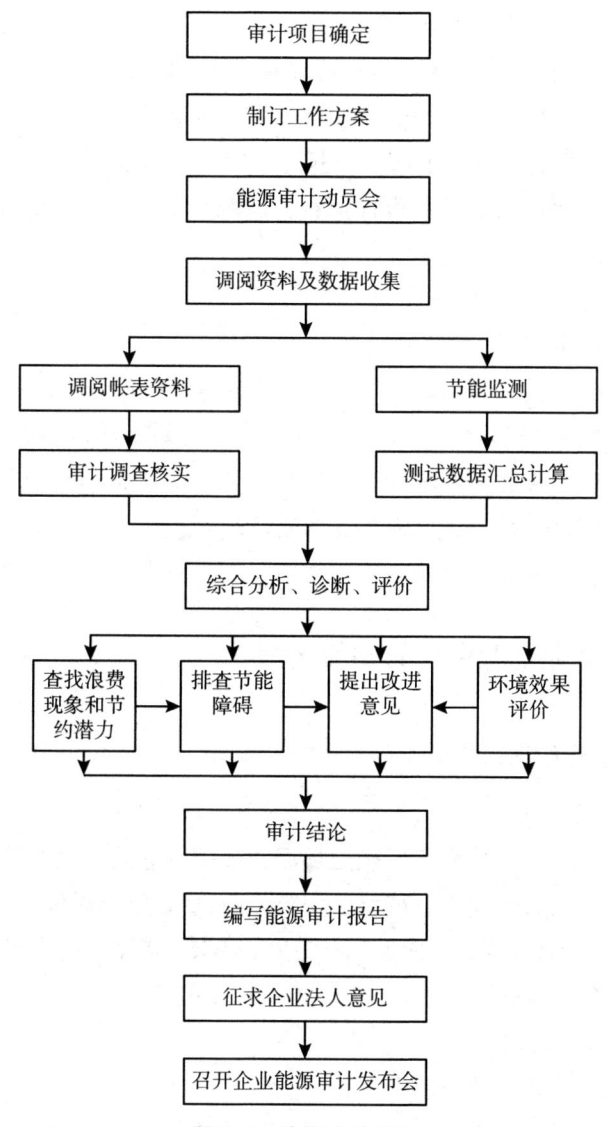

第9章 通用建筑节能技术、关键性技术及能源审计

图 9.1 能源审计流程

其中需要关注的地方包括如下：
1. 确定审计方案
主要包括以下程序：
确定审计企业；签订审计协议；制订审计计划和审计方案；

确定审计期：基期、对比期；

确定审计时间：根据审计的类型和企业规模而定；

确定审计内容：根据委托单位和企业要求而定；

准备测试仪器：烟气分析仪、流量计、电机测试仪等；

确定企业需要提供的各种审计资料：能源计量、统计、财务账表、生产运行记录报表。

2. 实施过程

主要包括以下程序：

提前10天下达企业能源审计通知书；选择能源审计人员；召开企业能源审计动员会；确定企业配合人员；实施审计（必要时辅以节能测试）；综合汇总、核查资料；查找、诊断问题、分析节约潜力；提出整改措施；做出审计结论；编写能源审计报告；与企业沟通，达成共识；召开能源审计发布会；提交审计报告；必要时可延伸服务，帮助整改；回访服务，信息反馈。

9.3.6 企业能源审计的相关案例

9.3.6.1 兖矿集团华聚能源公司[3]

1. 公司介绍

华聚能源公司是兖矿集团以燃用煤泥、煤矸石等低热值燃料的综合利用、热电联产的矿区自备发电厂，能源公司审计前2005年能耗情况为：供热厂标煤耗率26.7Kgc/GJ；供电厂标煤率502Gce/kWh；吨煤产气量5.65t；热耗率11919.24KJ/kWh；锅炉热效率82%；综合厂用电率13.1%。

2. 审计的主要过程

①技术准备阶段。该阶段为能源审计实施的前期阶段，主要是成立审计小组、进行现场调查及审计技术方案的编写。审计小组要明确小组成员的任务分工，对公司的能源管理机构、能源计量系统及能源购销、加工转换、输送分配和最终使用环节进行考察，制订公司内主要用能设备的测试方案。

②现场审计测试结算。该阶段为实施能源审计的重要阶段，主要包括：有关资料的收集、现场调查分析和现场测试。数据收集是为公司能量平衡表及能源消耗网络图的制作做准备，同时还要收集各环节主要耗能设备、生产

及技措项目有关的数据资料，在此基础上进行必要的设备效率测算。

③分析总结阶段。依据上述调查及数据测试结果，对公司的总体用能情况进行分析，计算电能生产的各响应指标，并对照有关标准和规定进行分析评价，指出公司能源利用水平，提出节能技术改造方案，该环节是整个能源审计工作实施的关键，并且直接关系到能源审计水平。

3. 节能效果

通过能源审计，与审计前的 2005 年相比，2006 年投改后能耗情况有了较大改善。公司 2006 年供热厂标煤耗率 25.09Kgc/GJ；供电厂标煤率 477.8Gce/kWh；综合厂用电率 12.9%。通过计算，供热节能量为 4214.7 吨，供电节能量为 5338.7 吨，厂用电率下降节能量 75.6 吨。综合以上情况，公司 2006 年共节约能量 9629 吨标准煤。

本次能源审计对企业能源管理、能源技术改造以及节能工作起到了重要的指导作用，不仅使企业自身掌握了生产过程中的能耗情况，积极查找自身的管理漏洞，而且促使企业提出了具有一定科学依据的技术改造措施，推动了企业节能工作的健康发展。

9.3.6.2 中石化下属某石化公司

1. 公司介绍

公司是综合性国家特大型石化企业，下属炼油分部和化工分部两个主要二级生产单位。炼油分部原油一次加工能力 1300 万 t/a，二次加工能力 800 万 t/a。炼油分部现有生产装置 63 套。化工分部乙烯产量 35 万 t/a，2006 年化工分部乙烯改扩建投产后，乙烯产量达到 100 万 t/a。化工分部有 17 套主要生产装置。

2. 审计的主要过程

①筹划准备阶段。在筹划准备阶段，首先要和企业的相关部门积极沟通，了解能源在实际生产中的具体流程。通过对企业能源流程，以及与能源有关的其他层面的了解，制订石化企业的能源审计方案，并配备专门管理人员和技术人员参与到能源审计工作。

②资料收集阶段。石化行业生产工艺复杂，各类资料种类繁多，各类报表数据量大，因此在进行能源审计的过程中，要明确审计目的，有目的性地

收集资料，有选择性地选取数据，否则会影响审计工作的进程。

③现场调查和测试。现场调查的主要工作是进入到现场，了解主要生产装置的运行及耗能情况。调查的主要内容包括装置流程、装置流程图、装置耗能情况等。另外，现场调查还要了解计量系统、能源系统流程等。

现场测试的主要内容就是进行各类能量平衡测试，包括燃料和物料平衡、电平衡、热平衡以及水平衡，其中又以电平衡、热平衡和水平衡最为复杂。

④报告合成阶段。将所有工作完成之后，将报告进行合成，形成最终的能源审计报告，交付上级部门进行审核。

3. 节能效果

经过对企业综合情况的分析，公司节能潜力为53万吨标准煤，占2006年公司等价值综合能耗12%，如能全部进行改造，则可确保公司37.11万吨的节能目标顺利完成。

9.3.6.3 河南赊店酒业有限公司下属热电分厂[5]

1. 公司介绍

河南赊店酒业有限公司系国家大型企业，全国500家大型饮料制造企业之一，具有年产饮料酒5万吨、酒精5万吨、饲料3万吨的生产能力。主要业务产品有白酒、酒精及饲料、发电三大类。现已形成集酿造、发电、饲料生产、餐饮服务等为一体的产业多元化企业。公司下属热电分厂一台35t/h的链条锅炉投运后，分厂年亏损130多万元。为了查清亏损的原因，公司邀请南阳市能源检测所进行能源审计。

2. 发现问题

①锅炉热效率低，仅为68.7%，与考核标准相比年多耗原煤3000多吨，价值60多万元。

②进厂煤未严格扣水除杂，存在"亏吨"现象，导致原煤年亏损1800吨，价值36万元。

③由于对各用气单位未能全部装表计量严格核算，导致热点分厂自用气耗率虚高34%，比审计核实的气耗率高12%，年少收入68万元。

④核算电、气成本及销售单价时，由于分摊系数不合理，使得核算价格远远偏离实际价格。

⑤对高价值的冷凝水未能回收利用，年浪费25万吨，价值125万元。

3. 节能效果

热电分厂针对所查找出的问题和提出的具体建议，认真进行了研究，并制定出具体的整改措施。经过整改，取得了年节约原煤4000多吨，节约电力150万千瓦时，冷凝水回收20万吨，合计价值人民币279万元的经济效益。实践证明，企业能源审计是加强管理、挖潜增效的好方法。

9.3.6.4 能源审计在化学工业中的应用

1. 行业特点

对于化学工业来说，能源既是燃料、动力，又是原材料。化学工业能源消耗量占全国总能耗的15%~20%。在化学产品成本中能源所占比例一般为20%~30%，能耗高的产品可到60%~70%。可见化学工业的节能潜力巨大，但化学工业较一般工业流程更为复杂且产品品种繁多。故而化工行业节能的分析和实施更具难度。

2. 审计的步骤

①数据的收集和审查。无论进行何种方式的能源审计，不要收集以下数据：

一是基础数据，详细了解工艺过程、中间物料和产品、各工程用户需求；

二是能源管理技术现状，包括制度、计量、统计、档案等；

三是能源的分布情况和能源的利用情况，包括能源消费结构、能源消费分布情况、能源消耗设备效率、能源平衡表。

②数据的分析和优化。对数据进行分析和优化，找出节能潜力，制订节能方案。常用的分析手段有：流程模拟、夹点分析、头脑风暴、基准比较、能量三环节理论等。

③方案的评估。对方案进行可行性和经济性评估，从技术的先进性、质量的可靠性、环境的友好性及安全的保证性等方面进行可靠性分析。同时从投资成本和投资回收期方面进行经济性分析。

④方案的确认和实施。对经过评估的具有竞争力的方案进行优先顺序排列，确认优选方案并最终在生产装置实施。

3. 提高能效的方法

①节能减耗的通则。化学工业遵从节能减耗通则：一是使用耗能少效率

高的工艺和设备；二是减少工艺过程；三是能量多次利用，能源合理匹配；四是高能级高用，低能级低用。

②化学工业节能潜力识别。主要节能潜力过程包括：工艺及加热与冷却过程、燃烧系统、负荷变化系统、压缩空气系统、蒸汽系统等过程。

9.3.6.5 某大型公共建筑能源审计

1. 建筑概况

该建筑位于大庆市，总建筑面积 70800 平方米，属于商业类大型公共建筑。地上4层，地下1层，建筑总高度22.2米，标准层高5.1米。围护结构底部采用砖砌筑，外贴红磨光花岗岩，上部墙体采用高级外墙面砖，其他部分采用玻璃幕墙。

2. 该商场建筑能耗特点

①由于商场内效果灯数量很多，照明系统能耗在该建筑总能耗中所占比重较大，是主要能耗之一。

②由于严寒地区夏季短暂，空调系统能耗在常规年能耗中所占比例低于其他地区同类建筑，但负荷高峰期逐月能耗也较高。

③由于商场建筑的特殊性，人体负荷补充了部分冬季采暖热负荷，所以采暖能耗低于同热工分区内其他建筑。

3. 节能潜力分析与改进建议

①由于设计年代较早，建筑并未执行公共建筑节能设计标准，建议进行建筑围护结构改造，依据公共建筑节能设计标准对热桥部位做外保温处理。

②目前商场内冬季室内采暖温度定为22℃，高于相关规定，建议相应降低；在大楼内布置温度传感器，定时定点采集温度，实时控制启停冷水机组。

③严格限制效果灯的功率，更换光源时尽量采用高效率光源；效果灯的开关时间严格控制，办公区的照明要杜绝长期明灯。

④非办公时间关闭所有设备，切断电源，建议多安装多功能电子定时器，严格控制用点时间。

⑤扶梯可改变为变频调速，安装红外传感器及变频器，有客流时高速运转，无客流时缓慢运行或停转。

第 10 章
节能量统计方法与案例

10.1 建筑节能技术改造项目

10.1.1 项目背景

本节以北京惠新西街 12 号楼节能改造项目为例。北京惠新西街 12 号楼建于 1988 年，位于朝阳区惠新西街，紧邻北四环，距奥运主会场鸟巢仅 2km，建筑面积约 11000m^2，共 18 层，计 144 户。该楼为内浇外挂预制大板结构，保温效果差，室内温度低，部分墙体结露发霉严重。属于北京市典型的非节能住宅，并已成为百姓投诉的重点。经检测外墙传热系数为 2.04W/m^2K，远大于北京市 65% 节能要求的最高限值 0.6W/m^2K，而中国建研院对 12 号楼的围护结构和供暖系统的综合测试，也表明 12 号楼耗热量指标为 26.2W/m^2，远高于北京市现行 65% 节能要求的 14.65W/m^2。而从住宅使用寿命上看仍将有 20~30 年的使用期具有很高的节能改造价值，因此此类建筑被列为北京市节能改造的重点。

经过认真调研和前期充分的准备工作，住总集团向北京市建委申报对惠新西街 12 号楼节能改造立项。在通过市建委组织的专家论证后成为北京市既有居住建筑综合节能改造的第一个试点工程。

同时该项目代表北京市申报了建设部中德技术合作中国既有建筑节能改造第二批示范城市示范工程，在2007年6月19日通过了建设部专家组的审查。该项目获得了市新型墙体材料专项资金和德国技术合作公司（GTZ）地方补助金。住总集团自筹资金提供支持同时也向该楼的住户收取了适当的改造费用。

10.1.2 技术特点

惠新西街12号楼的综合节能改造工程、建设部、北京市建委GTZ和北京住总集团的共同努力下，经过与包括德国GTZ专家、建设部专家在内的多次研讨，最终确定了项目总体节能改造方案于2007年9月28日正式启动。该项目的实施分为两个阶段。第一阶段从项目启动至2007年12月10日将首先完成12号楼外墙外保温外门窗户内新风系统的改造，小区锅炉房外管网也将完成包括安装热计量装置在内的部分改造，目前第一阶段工作基本完成；第二阶段在本供暖季结束后从2008年3月15日起将对12号楼的户内采暖系统进行更新改造，之后还将完成屋面的防水保温等其他全部工作。2008年6月30日12号楼的节能改造将全面完成。

1. 外墙外保温

12号楼外保温采用了德国MAXIT公司的外保温技术，保温材料为1100mm厚聚苯板，计算传热系数为$0.40W/m^2K$，外饰面为装饰砂浆加有机硅自洁涂料。由于目前国内外保温技术与国外的主要差别体现在细部节点的处理上，因此为保证整体施工质量和技术示范效应，在项目实施中采用欧洲标准的施工工艺，采用首层托架、窗台板、角网、滴水等各种特殊节点配件。同时由于12号楼为高层建筑，还首次在既有建筑节能改造中设置了防火隔离带以提高住宅保温的防火安全。

2. 外窗

12号楼原外窗为早已淘汰的空腹钢窗，现统一更换为北京鸿恒基提供的新型断桥铝合金节能外窗，采用5+15+5的中空双层玻璃。经国家权威部门检测各项性能符合现行节能标准要求，而且具有美观、耐久和环保等优点。住户室内为内平开窗，公共部分由于空间较小，考虑到通行问题，采用了旋开窗。

3. 新风系统

此次改造将首次在既有建筑节能改造中引进lunos住宅同步新风系统，可以在有效改善室内空气品质、保证人体健康舒适的同时减少室内能量损失，已达到节能环保健康的目的。其具体方法是：在每个房间的窗口旁安装进风口，在卫生间安装负压排风机，其独特设计可以根据需要调节进入的新风量，并可隔绝外界的噪声和灰尘。

4. 室内采暖系统

12号楼暖气系统原为单管串联系统，各户内温度不一又难以调节。此次改造将全部更新采用新垂直双管系统的同时将住户不符合节能标准的老式钢串片散热器按每户情况，更换为不同型号的新型钢制高频焊板式散热器并在散热器安装温控阀，可以使住户在特定范围内对室内温度进行调整，避免因开窗引起的保温不节能现象。

5. 锅炉房与外管网

为准确了解锅炉效率及改造前后的能耗情况，此次改造将在锅炉房、12号楼及小区其余三栋楼前入口处加装热量表和平衡阀，同时12号楼还将在采暖系统入口处供水管加装循环泵电动三通流量调节阀和温度传感器。通过设定典型房间室内温度调节系统的流量，达到真正降低能耗的目的。

10.1.3 改造效果

12号楼的节能改造将全面达到甚至超过北京市65%节能的要求，据相关专家初步估算该楼每年可以节约天然气$50000m^2$，减少CO_2排放105吨，具体的数据还有待于通过实际的检测工作来验证。仅从住户的感受来看效果已经非常明显。

1. 经过改造后户内的舒适度大大提高

12号楼在外保温粘完保温板后，北京来了几次小的寒流，虽然还没有开始供暖但户内与其他没有改造的三栋楼相比已有了区别，据住户反映坐在屋内不再觉得腿冷了，温度要比另三栋楼高2~3℃，这种差别在供暖后就更为明显，据4层5号的住户反映，现在室内温度要比往年高很多，结束了多年使用电暖器的历史，而 1703 的住户更是感到在更换新窗之后，来自马路上的噪音大幅降低，室内环境变得非常安静。其他住户也都反映冬天舒适度较往年有了提高。

2. 百姓对节能改造的认知和意愿大大加强

既有建筑的节能改造实际上是个系统工程技术，仅仅是其中的一个方面由于涉及入户问题，因此住户工作也是改造不可缺少的重要环节。在 2007 年初 12 号楼节能改造的策划阶段，为了解百姓对节能改造的态度，发放了节能宣传手册，张贴了宣传告示并以问卷的形式进行了第一次入户调查。从第一次的调查结果来看，住户反应冷淡。调查结果也不理想。12 号楼共 144 户，只反馈 47 份调查表，其中 40 户愿意进行外墙和屋面的保温，但有 35 户不愿承担部分改造费用。之后随着与社区、居委会一起加强宣传、介绍节能改造的好处，组织居民代表赴唐山参观，召开群众工作会，特别是随着改造工作的逐步深入，住户有了切身感受，认识到节能改造是一件利国利民的好事，因此使得 12 号楼的绝大多数居民不但接受和欢迎节能改造，并积极配合各项入户改造工作的顺利开展，更带动没有改造的很多居民与社区和居委会主动联系表示积极支持节能改造工作[1][2]。

10.2　企业节能量计算方法

《企业节能量计算方法》GB/T13234 – 2009 是进行企业节能量计算的指导性文件。此标准规定了企业节能量的分类、企业节能量计算的基本原则、企业节能量的计算方法以及节能率的计算方法。

此标准适用于企业节能量和节能率的计算。其他用能单位、行业（部门）、地区、国家宏观节能量的计算也可参照采用，故本章将基于此标准对节能量计算展开讨论。

10.2.1　术语及定义

节能量是指满足同等需要或达到相同目的的条件下，能源消费减少的数量。

企业节能量是指企业统计报告期内实际能源消耗量与按比较基准值计算的能源消耗量之差。

产品节能量是指用统计报告期产品单位产量能源消耗量与基期单位产量能源消耗量的差值和报告期产品产量计算的节能量。

产值节能量是指用统计报告期的单位产值能源消耗量与基期单位产值能源消耗量的差值和报告产值计算的节能量。

技术措施节能量是指企业实施技术措施前后能源消耗变化量。

产品结构节能量是指企业统计报告期内，由于产品结构发生变化而产生能源消耗变化量。

单项能源节能量是指企业统计报告期内，按能源品种计算的能源消耗变化量。

节能率是指统计报告期比基期的单位能耗降低率，用百分数表示。

10.2.2　企业节能量的分类

不同节能量具有不同属性，没有可加性和可替代性。企业产品节能量用于评价企业技术节能效果。产值节能量评价节能经济成果，结构节能表示结构调整在能耗和经济两方面成果。

节能量计算一般应以上年同期实际单位产品能耗为基数，低于同期实际消耗为节约。企业产品总节能量 = $\sum$（当年某产品单位能耗 − 上年同期某产品单位能耗）× 某产品产量。

生产多种产品的企业，各种产品的单位能耗不同，而且产量又是变化的，所以当年企业产品总节能量是各种产品的节能量的和。

10.2.3　企业节能量计算的基本原则

（1）节能量计算所用的基期能源消耗量与报告期能源消耗量应为实际能源消耗量。

（2）节能量计算应根据不同的目的和要求，采用相应的比较基准。

(3) 当采用一个考察期间能源消耗量推算统计报告期能源消耗量时,应说明理由和推算的合理性。

(4) 计算值为负时表示节能。

10.2.4 企业节能量的计算方法

10.2.4.1 产品节能量

1. 单一产品节能量

生产单一产品的企业,(当年) 产品节能量按下式计算:

$$\Delta E_c = (e_b - e_j) M_b$$

式中:

ΔE_c——企业产品节能量,单位为吨标准煤(tce);

e_b——统计报告期内的单位产品综合能耗,单位为吨标准煤(tce);

e_j——基期的单位产品综合能耗,单位为吨标准煤(tce);

M_b——统计报告期内产出的合格产品数量。

2. 多种产品节能量

生产多种产品的企业,(当年) 产品节能量按下式计算:

$$\Delta E_c = \sum_{i=1}^{n} (e_{bi} - e_{ji}) M_{bi}$$

式中:

e_{bi}——统计报告期第 i 种产品的单位产品综合能耗,单位为吨标准煤(tce);

e_{ji}——基期第 i 种产品的单位产品综合能耗或单位产品能源消耗限额,单位为吨标准煤(tce);

M_{bi}——统计报告期产出的第 i 种合格产品数量;

n——统计报告期内企业生产的产品种类数。

10.2.4.2 企业产值节能量

产值节能量按下式计算:

$$\Delta E_g = (e_{bg} - e_{jg})G_b$$

式中：

ΔE_g——企业产值（或增加值）总节能量，单位为吨标准煤（tce）；

e_{bg}——统计报告期企业单位产值（或增加值）综合能耗，单位为吨标准煤每万元（tce/万元）；

e_{jg}——基期企业单位产值（或增加值）综合能耗，单位为吨标准煤每万元（tce/万元）；

G_b——统计报告期企业的产值（或增加值，可比价格），单位为万元。

10.2.4.3 技术措施节能量

1. 单项技术措施节能量

单项技术措施节能量按下式计算：

$$\Delta E_{ti} = (e_{th} - e_{tq})P_{th}$$

式中：

ΔE_{ti}——某项技术措施节能量，单位为吨标准煤 tce；

e_{th}——某种工艺或设备实施某项技术措施后其产品的单位产品能源消耗量，单位为吨标准煤 tce；

e_{tq}——某种工艺或设备实施某项技术措施前其产品的单位产品能源消耗量，单位为吨标准煤 tce；

P_{th}——某种工艺或设备实施某项技术措施后其产品产量，单位为吨标准煤 tce。

2. 多项技术措施节能量

多项技术措施节能量按下式计算：

$$\Delta E_t = \sum_{i=1}^{m} \Delta E_{ti}$$

式中：

ΔE_t——多项技术措施节能量，单位为吨标准煤（tce）；

m——企业技术措施项目数。

10.2.4.4 产品结构节能量

产品结构节能量按下式计算：

$$\Delta E_{cj} = G_z \times \sum_{i=1}^{m} (K_{bi} - K_{ji}) \times e_{jci}$$

式中：

ΔE_{cj}——产品结构节能量，单位为吨标准煤（tce）；

G_z——统计报告期总产值（或总增加值，可比价），单位为万元；

K_{bi}——统计报告期替代第 i 种产品产值占总产值（或总增加值）的比重，以百分数表示；

K_{ji}——基期第 i 种产品的单位产值占总产值的比重，以百分数表示；

e_{jci}——基期第 i 种产品的单位产值（或增加值）能耗，单位为吨标准煤每万元（tce/万元）；

n——产品种类数。

10.2.4.5 单项能源节能量

1. 产品单项能源节能量

产品单项能源节能量按如下公式计算：

$$\Delta E_{cn} = \sum_{i=1}^{n} (e_{bci} - e_{jci}) M_{bi}$$

式中：

ΔE_{cn}——产品某单项能源品种能源节能量，单位为某种能源实物单位（t，kWh 等）；

e_{bci}——统计报告期第 i 种单位产品某单项能源品种能源消耗量，单位为某种能源实物单位/产品单位（t，kWh 等）；

e_{jci}——基期第 i 种单位产品某单项能源品种能源消耗量或单位产品某单项能源品种能源消耗限额，单位为某种能源实物单位/产品单位（t，kWh，m^3 等）；

M_{bi}——统计报告期产出的第 i 种合格产品数量，单位为产品单位；

n——统计报告期企业生产的产品种类数。

2. 产值单项能源节能量

产值单项能源节能量按下式计算：

$$\Delta E_{gn} = \sum_{i=1}^{n} (e_{bgi} - e_{jgi}) G_{bi}$$

式中：

ΔE_{gn}——产品某单项能源品种节约量，单位为吨（t）、千瓦时（kWh）等；

e_{bgi}——统计报告期第 i 种产品单位产值（或单位增加值）某单项品种能源消耗量，单位为吨每万元（t/万元）、千瓦时每万元（kWh/万元）等；

e_{jgi}——基期第 i 种产品单位产值（或单位增加值）某单项品种能源消耗量，单位为吨每万元（t/万元）、千瓦时每万元（kWh/万元）等；

G_{bi}——统计报告期第 i 种产品产值（或增加值，可比价），单位为万元；

n——统计报告期企业生产的产品种类数。

10.2.5 节能率的计算方法

10.2.5.1 产品节能率

产品节能率按下式计算：

$$\xi_c = \left(\frac{e_{bc} - e_{jc}}{e_{jc}}\right) \times 100\%$$

式中：

ξ_c——某个产品节能率，以百分数表示。

e_{bc}——统计报告期单位产品能耗，单位为吨标准煤（tce）；

e_{jc}——基期单位产品能耗或单位产品能源消耗限额，单位为吨标准煤每产品单位（tce）。

10.2.5.2 产值节能率

产值节能率按下式计算：

$$\xi_g = \left(\frac{e_{bg} - e_{jg}}{e_{jg}}\right) \times 100\%$$

式中：

ξ_g——产值节能率，以百分数表示；

e_{bg}——统计报告期单位产值能耗；单位为吨标准煤每万元（tce/万元）；

e_{jg}——基期单位产值能耗，单位为吨标准煤每万元（tce/万元）。

10.2.6 产值节能率

累计节能率分为定比节能率和环比累计节能率。

10.2.6.1 定比节能率

定比节能率按下式计算：

$$\xi_c = \left(\frac{e_{bc} - e_{jc}}{e_{jc}}\right) \times 100\%$$

或式：

$$\xi_g = \left(\frac{e_{bg} - e_{jg}}{e_{jg}}\right) \times 100\%$$

计算。

10.2.6.2 环比节能率

环比节能率，计算公式如下：

$$\xi_h = \left(\sqrt[n]{\frac{e_b}{e_j}} - 1\right) \times 100\%$$

式中：

ξ_h——环比节能率，以百分数表示；

e_b——统计报告期单位产品能耗或单位产值能耗，单位为吨标准煤每产品单位或吨标准煤每万元（tce/产品单位或 tce/万元）；

e_j——基期年度（n 年初始年度）单位产品能耗或单位产值能耗，单位为吨标准煤每产品单位或吨标准煤每万元（tce/产品单位或 tce/万元）；

n——统计期的年份个数。

10.3 节能量计算案例

10.3.1 空调箱风机变频改造（见表 10.1）

对上海的某商场内一台空调箱进行风机变频改造，为单项节能改造，改造前无独立的计量电表和运行记录，且改造前风机功率约定不变，故采用部分变量测量，改造部分隔离的方法确定节能量。改造前风机功率通过短期测量改造后空调箱工频运行时的功率得到，乘以变频器累计运行时间，得到基准能耗，当前能耗通过改造后安装的三项功率表测量[3]。节能量计算：

$$节能量（E）= Q_{工频} - Q_{实际} = P_{AHU} \times t_{AHU} - Q_{实际} = 770 \text{kWh}$$

表 10.1　　　　　　　　　空调箱风机变频器改造

项目（当月）	表记数据	单位	来源
空调箱风机的测量功率（P_{AHU}）	9	kW	短期测量确定
空调箱风机使用时间（t_{AHU}）	360	h	来自变频器读数
空调箱工频工况	3240	kWh	$Q_{工频} = P_{AHU} \times t_{AHU}$
空调箱实际用电量（$Q_{实际}$）	2470	kWh	来自变频器读数
空调箱节电量（E）	770	kWh	$E = Q_{工频} - Q_{实际}$
空调箱节能率	23.8	%	$E/Q_{工频}$

10.3.2　空调冷冻机房整体改造

对北京某酒店的冷冻机房进行实现自动运行基础上的整体优化改造。此项目为整体节能改造，由于缺乏改造前能耗记录，且系统能恢复至改造前状态运行，故采用全部变量测量，改造部分采用隔离法中相似日测量方法确定节能量。每月挑选三天按照改造前方式运行，其余时间以改造后的方式运行，从改造后运行记录中找出与改造前运行测试工况独立变量相似的日子，计算各自三天冷冻机房耗电量的平均值，代表当月的基准能耗。节能量计算如表10.2 所示。

表 10.2　　　　　　　　　空调冷冻机房整体改造

工况	项目	入住率	室外干球温度（℃）	室外湿球温度（℃）	日用电量（kWh）
工况 1	基准	41	27.8	22.7	15306
	优化	43	27.8	22.3	10420
	参数偏差	2%	±0	-0.4	

续表

工况	项目	入住率	室外干球温度（℃）	室外湿球温度（℃）	日用电量（kWh）
工况2	基准	55	27.8	21.7	14321
	优化	55	27.0	21.3	10740
	参数偏差	0%	-0.8	-0.4	
工况3	基准	40	28.1	24.5	16260
	优化	42	28.2	24.0	12962
	参数偏差	2%	0.1	-0.5	

基准日平均用电量：15296kWh；优化日用电量11374kWh；

节能率：25.6%；当月用电量：387100kWh；

节能量：$(387100 - 15296 \times 3) \times \dfrac{25.6\%}{100\% - 25.6\%} = 117406$kWh。

10.3.3 照明+空调系统改造（见表10.3）

表10.3　　　　　　　　　照明+空调系统改造

	能耗	独立变量
	冷冻机房月耗电量（ME）	月平均入住率OR、月平均干球温度DT、月平均湿球温度WT、月工作日天数HD
时间间隔	改造前：2006~2009年共计48个月；改造后：2012年3~12月	
回归模型	ME = 1.48×10⁶ - 1.04×10⁴×DT + 1816×DT2 + 764.5×WD×HD + 4985×WT	
不确定性	$R^2 = 0.93$	F检验，F = 149.3，Sig = 1.27E-24
导则规定值	$R^2 \geq 0.8$	F≥30，Sig<0.05

上海某酒店同时进行照明系统及空调系统改造，因无法简单地将两者的节能效果分别验证，且此项目改造前后能耗数据及独立变量记录较完整，所以采用全楼宇验证法确定节能量。建立改造前月能耗与独立变量的多元线性回归模型，代入改造后独立变量，计算得到基准能耗7489096kWh，当前能耗

由能源账单获取 5464070kWh，节能量 2025026kWh，节能率 27%。

10.3.4 照明 + 窗户贴膜 + 风机变频改造

天津某酒店同时进行了：LED 灯具更换；窗户贴膜；空调箱风机变频改造。因改造系统之间能耗相互影响，无法隔离，且改造前能耗数据完整，改造后能耗数据缺乏（实施节能措施后不久），但业主要求得到节能量，所以采用校验模拟法来确定并验证节能量。利用 eQuest 建立改造前模型，计算并用改造前月能耗数据进行校正满足不确定性规定后，得到基准模型；再采用改造后天气参数文件计算，得到基准能耗。在基准模型的基础上，将节能改造措施在模型中体现，并采用改造后天气参数文件计算，得到当前能耗。节能量计算见表 10.4。

表 10.4　　　　　　　照明 + 贴膜 + 风机变频改造

	基准能耗	当前能耗	节能量	节能率
电量（kWh）	5873952	5323566	550386	9.4%
天然气（m³）	573588	535673	37915	6.6%

10.4　中国第三方节能量审核现状

第三方审核机构是衡量节能效益分配、确认节能量的核心机构。作为节能服务体系重要的实体组织，具有严肃性、专业性、独立性。目前，中国第三方审核机构发展速度缓慢，远远落后于节能服务产业整体发展速度，成为阻碍中国合同能源管理模式发展的重要因素。随着节能服务产业逐步发展及中国节能环保工作深入开展，中国应重视第三方审核机构的建设和管理，为中国节能服务产业健康发展奠定基础。

10.4.1　中国第三方节能量审核机构概况

2013 年国家发展改革委、财政部联合下发的第五批备案节能服务公司公告显示，全国累计备案节能服务公司总数已达3210家，这些节能服务公司通过合同能源管理方式开展节能服务。但对这些节能服务公司进行审核的审核机构数量却极少，到目前为止国家发展改革委、国家财政部通过评审选拔的国家级第三方节能量审核机构共26家，其中各地方节能中心8家、认证机构6家、会计师事务所4家、电科院4家、咨询公司2家、其他机构2家。

10.4.2 中国第三方审核存在的主要问题

10.4.2.1 第三方审核缺乏依据和标准

（1）审核文本格式不统一。节能审核所采用的文本格式过于简单，没有规定详细的要求，各审核机构根据自身情况对节能报告进行设计和编制，导致审核报告内容条款存在较大差别，不利于专家评审及审核。

（2）第三方节能审核机构审核能力薄弱。各级节能、财政主管部门对节能量审核机构的资质、能力、业绩等都有一定要求，如按第三方审计机构条件要求具有开展节能量审核工作所需的专业人员中，从事节能量审核、能源审计及节能评估工作3年以上，具有高级专业技术职称的专业技术人员不少于3人；具有相关工作经验1年以上，具有中级以上专业技术职称的专业技术人员不少于10人。但在调研中发现绝大部分机构专业审核人员资格不达标，专业化程度较差，部分审核机构存在人员结构不合理、专业技能不扎实、责任意识不强的问题。

（3）审核费用不明确。审核费用原来是由中央财政支付，从2011年起改由省级节能主管部门选择第三方审核机构并支付审核费用，地方主管部门对审核机构的审核可能有一定程度影响，且没有统一的审核费用标准，各个地方审核机构差异较大，不利于审核标准化。

10.4.2.2 第三方审核机构缺乏系统性设计

（1）节能双方权责不明晰。按照当前节能项目管理模式，项目是否重复申报、是否打包（拆分）申报、是否符合产业政策的问题、是否已在其他领域获得国家支持项目等工作，目前全部由审核机构进行评估、审核，但由于审核机构获取相关信息具有一定局限性，无法对节能方数据进行获取，从而影响审核准确性。

（2）第三方审核机构审核项目前后不一致。目前初审、终审机构间没有衔接，无法得知初审机构的审核方法和审核结论，难以保持在计算方法上的前后一致性，导致计算结果和审核结论出现差异。

10.4.2.3 节能审核的价值性明显不足

（1）节能审核后续价值亟待挖掘。目前，节能项目通过第三方审核机构成功审核后就戛然而止，没有对项目进行后续跟踪和挖掘，没有充分利用节能审核机构技术性优势，节能审核后续服务作用并没有发挥出来，相应的作用和价值也没有得到充分的拓展。

（2）节能量计算方法学研究薄弱。节能计量方法是节能量审核的核心技术和关键理论支撑，节能量审核机构是节能计量研究的主要机构，目前，中国节能审核机构还缺乏节能计量的研究工作，没有对新增类型项目的方法学进行分类及共享，不利于提高审核机构整体审核能力。

（3）缺乏对实施项目的归类，数据准确度有待提升。近几年成功实施申报的项目累计具有一定规模，但部分项目之间具有相似性。由于项目实施后碎片化的管理没能有效对已实施项目进行统计、归类和梳理，在审计过程中造成一类项目或相似项目使用不同审核标准，也给节能服务公司及用能公司间收益核算带来困扰。

10.4.3 相关建议

10.4.3.1 建立不同领域第三方节能审核机构合作联盟

不同领域第三方审核机构有着各自的审核、计算、评估特点，需各机构有机互补才能发挥审核机构优势，为加强节能审核机构实效性，需成立第三方机构合作联盟，建立中介机构数据库，通过定期召开内部培训会、讨论会等动态管理方式，提高第三方审核机构的业务能力及水平。

10.4.3.2 完善节能量计算方法学

节能审核机构应进一步强化该领域理论研究，通过加大对节能量审核理论研究工作，推进方法学指南或标准制定。成立和组织相关专门机构对近年来节能量审核项目进行归纳、总结，研究制定能直接指导审核工作的理论、方法、标准，加快具体领域和项目的方法学研究。在此基础上，及时制定审核要求、审核规程、检测和计算方法，为统一各审核机构审核尺度、促进审核工作健康发展创造条件。

10.4.3.3 搭建节能审计备选项目信息平台

为提高节能项目审计透明度，突出第三方机构的公正性及诚信度，节能量审计机构应建立项目信息平台，及时跟踪各项目审核进度，实时对项目审核情况进行动态管理，搭建有利于节能服务公司和用能企业及时协调沟通的路径。

10.4.3.4 规范第三方机构审核收费标准

由于国家和地方层面都分别设有第三方节能量审核机构，收费没有统一标准和依据，在节能审核项目之间的收费差异较为明显，节能双方对审核费用质疑现象普遍存在，难以保证第三方的公正性与合理性，得不到节能双方认同。所以应根据省市及行业情况分别建立国家、地方统一的审核费用标准，提高审核经费，变更审核费用支付方式，为审核工作提供保障，维护审核机构的独立性、公正性。

10.4.3.5 加强对第三方审核机构的审核

在遴选第三方节能量审核机构的过程中，建议主要考核第三方审核机构的以下3个条件：①资质条件。节能量审核机构应具备与节能量审核工作相适应的资质。②专业能效评估队伍规模，如具有注册能效评估师、节能减排评估师的数量。③技术条件。应对现有审核设备改造升级，引进国外先进节能审核仪器，筹建节能监测实验室和移动现场节能监测平台，使节能监测的能力和水平不断提升。

10.4.4 结语

第三方节能审核机构是构建节能服务产业系统的重要组织，随着节能服务产业市场化快速发展，节能审核机构发展空间日益广阔。当前中国应重视第三方审核机构整体建设，加快节能服务产业体制建设，突出审核机构的第三方特质，完善节能评估机制，加强节能审核专业人才培养，提升节能审核水平，从而充分发挥第三方审核机构在中国节能减排的支撑作用。

附录 1

中国节能融资项目（CHEEF）[①]

项目背景

中国节能融资项目是由中国政府与世界银行（WB）和全球环境基金（GEF）合作开发的促进节能减排的国际合作项目，是世界银行融资的中国节能项目第三期项目。

本项目的目的是为促进节能减排、完善节能融资市场化机制和体系、提高大中型工业企业节能技术改造能力、加强政府节能政策及规划的制定和执行能力。

本项目是目前中国在节能领域获得的最大的国际贷/赠款项目。

项目内容

项目资金来源由国际复兴开发银行（IBRD）的贷款和全球环境基金（GEF）的赠款组成。

通过中国进出口银行、华夏银行两家转贷银行，利用世界银行提供的贷款，并按 1:1 比例配套资金，向国内重点用能行业的大中型企业提供节能技术改造项目贷款，支持国内企业开展节能技术改造。

全球环境基金（GEF）为此项目提供赠款，用于加强银行节能贷款业务能力，支持国家节能政策研究和国家节能中心能力建设，以及对节能融资项目的监督、管理、审核和报告。

机构设置

本项目设立项目指导委员会，对项目进行政策和战略指导。项目指导委

---

① 中国节能融资项目办公室：http://www.cheef.org.cn/introduction.asp。

员会由国家发展改革委环资司、外资司、财政部国际司派代表组成。项目指导委员会下设项目管理办公室。

项目管理办公室是项目指导委员会的日常执行机构，负责项目实施的全面协调、监督、管理和报告。项目管理办公室暂设在中国节能投资公司。

项目实施组织结构见图1′.1。

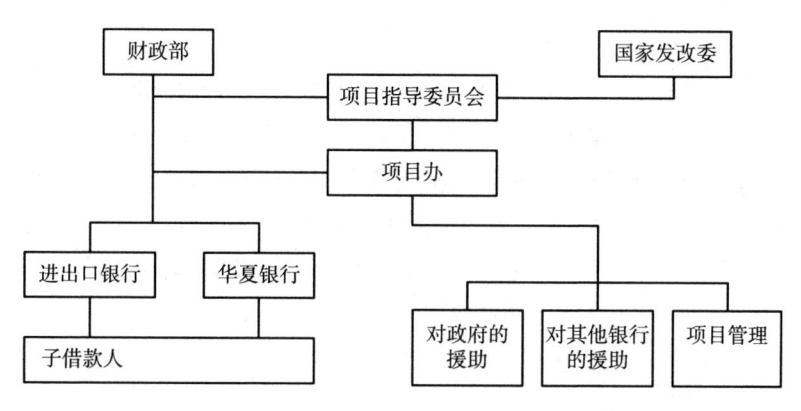

图1′.1 实施组织结构

项目构成

A 部分

支持促进国内节能融资的活动，以消除国内银行业开展节能融资业务主要障碍，包括：

（a）援助转贷银行，包括业务启动、业务能力建设、节能贷款子项目的市场策划和开发、节能融资工具和风险管理工具的开发，以及对财务、技术、社会和环境评估等方面的尽职调查。

（b）对其他银行的援助，包括业务启动、业务能力建设、对节能投资子项目的尽职调查。该援助将在项目实施的第二年扩大至另外两家商业银行。

（c）对整个银行业的援助。包括学术讨论会、成功案例分析、引入节能技术和新的金融产品等。

（d）节能投资项目示范（节能项目准备和融资商业模式示范）。

B 部分

节能投资贷款，包括：

※ 国际复兴开发银行贷款将由中国政府转贷给两家转贷银行。

※ 两家转贷银行同意配套与从国际复兴开发银行获得贷款等额的自有资金贷款。

※ 受益企业应投入不少于项目总投资 30% 的自有资金。

合格节能子贷款受益人类型：

（a）大中型耗能工业企业；

（b）为大中型工业企业提供节能改造的能源服务公司（ESCO）；

（c）为该项目运作而成立的具有独立法人资质的项目公司。

合格节能子项目类型应属于工业领域重点耗能行业的节能技术改造项目（要符合中国"十一五"十大重点节能工程范围），主要包括：

（a）采用节能技术，如更高效的工业锅炉、烧窑和热交换系统等；

（b）余气、余热和余压的回收利用；

（c）采用变频调速等节能技术对现有的机电设备，包括发动机、泵、加热和通风装置等进行改造；

（d）提高能效的工业能量系统优化。

C 部分

国家政策支持和能力建设：

（a）援助组建国家节能中心（NECC），包括能力建设和战略规划。国家节能中心是为国家节能政策、法规和规划提供支持的执行机构。

（b）支持为实现"十一五"节能目标所急需的节能专题调研的实施工作，包括对实施"十一五"节能目标的中期回顾，以发现问题，提出建议及补救措施。

D 部分

项目实施的支持、监督和报告，包括：

（a）协调对银行和政府的技术援助活动，以及组织项目监督、评估和报告活动；

（b）支持独立审核节能贷款以分配基于业绩的 GEF 赠款，并且监督转贷银行贷款的子项目的节能量业绩。

附录 2

中国节能融资项目（进出口银行）[①]

基本信息

项目名称：中国进出口银行/世界银行中国节能融资项目

省/自治区/市：全国多省市

项目目标：

——提高工业企业节能技术改造能力和企业能源效率，进而减少温室气体排放

——完善节能融资市场化机制和体系

——加大国内银行对节能投资项目的贷款支持力度

——促进中国进出口银行节能融资贷款业务可持续性发展

项目资金来源：项目总投资 31.8 亿元，其中利用世界银行贷款 2 亿美元，中国进出口银行配套资金 11.28 亿元人民币，其余资金为企业自筹。

实施日期：2008 年 9 月~2016 年 12 月

案例研究提供者：中国进出口银行

摘 要

在财政部、国家发展和改革委员会的大力支持下，2008 年，中国进出口银行获得世界银行提供的 1 亿美元节能项目贷款转贷权。在向实施合格节能技术改造项目企业提供转贷款的同时，中国进出口银行还提供配套人民币贷

[①] 中华人民共和国财政部：http://gjs.mof.gov.cn/shzhxmalhb/hangyeanli/nengyuan/201406/t20140625_1104461.html。

款资金,以提升中国工业企业能源效率,进而减少温室气体排放,项目实施后取得了良好的经济效益和社会效益。

一、工业节能的机遇与挑战

中国是以煤炭为主要能源的国家,经济的快速发展和能源设备的低效率使得中国已成为世界第一大温室气体排放国,节能减排形势严峻。一方面,《节能减排"十二五"规划》提出了硬性指标要求,如 2015 年要实现单位 GDP 能耗比 2010 年下降等;另一方面,由于宏观经济增速下降、产品利润降低、能源价格上升等因素影响,企业必须放弃过去粗放的经营模式,特别是钢铁、煤炭、电力、石化、发电等耗能大户,要通过节能降耗方式进行精细化成本管理。因此,在经济结构转型、环境污染日益严重的背景下,工业节能产业迎来了较好的发展机遇,也取得了一定成效,但仍面临较大挑战:一是相比生产扩张项目,节能项目通常只是减少能源消耗的开支,而不能直接产生额外收益,企业实施节能项目积极性有限;二是节能项目涉及工业行业各领域,升级改造技术专业而复杂,国内银行对节能项目的评估水平和操作能力有限,且缺乏现成的业务模式,初始成本较高,因而对节能项目持高风险态度,导致节能项目融资困难;三是节能政策及补贴缺乏实施细则,落实不力;四是行业能源管理基础较差,先进节能减排的技术推广与应用不足;五是专业节能服务公司市场发展缺乏秩序,规模小,融资能力差,促进节能产业发展的能力有限。因此,为完善银行融资产品,引导经营单位进入节能减排产业,为企业实施节能项目提供资金支持,中国进出口银行展开了与世界银行的合作,依托世界银行节能贷款资金及其先进管理理念,利用世界银行资金以及配套自有资金,推动本行绿色信贷业务发展。

二、项目设计

项目构成:本项目主要支持国内工业企业实施节能改造,共计 21 个节能子项目。涉及领域主要包括锅炉(窑炉)改造、电机系统节能、能量系统优化、余热余压利用等。

(一)项目建设具体目标

(1)为合格企业实施的合格子项目提供资金支持;

(2)实现一定的节能减排量;

(3)促进节能服务产业发展;

（4）开办中国进出口银行节能融资业务，并使之可持续发展；

（5）提高中国进出口银行节能项目管理能力；

（6）引导商业银行进入节能行业，促进节能融资商业化、规模化发展。

（二）项目创新

（1）利用中国进出口银行转贷平台，采用中间信贷模式，自主选项；

（2）利用中国进出口银行总行转贷部管理平台，采用总分联动机制，在全辖范围内推广节能贷款业务；

（3）为企业提供世界银行美元贷款转贷资金的同时，提供中国进出口银行人民币配套贷款；

（4）项目配有世界银行全球环境基金（GEF）赠款（187.5万美元加奖励资金）用于机构能力建设。中国进出口银行充分利用赠款开展团队建设、市场营销、业务宣传、技术咨询、考察调研等，促进业务的快速发展。

（三）项目实施机构及能力

（1）项目法人：中国进出口银行；

（2）项目实施机构：中国进出口银行转贷部；

（3）项目设计单位：世界银行、中国进出口银行；

（4）参与项目的咨询机构：国际、国内个人咨询专家。

三、项目交付

（一）确定绿色信贷业务的战略地位，制定节能融资业务发展规划

该项目交付的首要环节即明确世界银行节能融资业务在中国进出口银行的定位，并提出明确的业务发展规划。

◆ 将绿色信贷业务作为本行转贷部重点发展的新业务。利用转贷平台，找准转贷业务发展新方向，积极推动业务创新，推出世界银行节能融资业务，以形成转贷业务新的增长点，并确立以其为基础的节能减排和新能源贷款业务的战略地位，明确要大力发展以节能减排和新能源建设为主要内容的自营业务，为实现转贷业务战略转型打好业务基础。

◆ 提出业务发展规划，明确阶段性目标。由于节能融资业务开办之初面临制度、人员和客户"三缺"的巨大挑战，为有效解决上述困难，中国进出口银行很快明确了业务发展规划，在前两年内逐渐建立相关规章制度，从分行入手开拓节能融资业务，并充分利用GEF赠款引进智力和技术支持，强化

培训以逐渐形成专业化团队，建立起稳定的客户群和项目库，在保证项目质量的基础上实现业务稳步发展。

（二）总分联动，形成合力，促进业务有效发展

中国进出口银行在国内设有22家营业性分支机构，转贷部作为总行部门，充分利用总行管理职能，创新业务发展模式，确定了总分联动机制，总行转贷部负责上游资金筹措、对外谈判、行内外沟通协调、项目方案设计和整合资源等；分支机构负责市场营销、客户维护、项目开发及贷后管理等。总分联动机制有利于充分发挥双方优势，极大地促进了节能融资项目业务快速、规模发展，有力地推动了项目顺利实施。

21个子项目中，17个子项目由分行实施，涉及6家分行；4个项目由转贷部实施。在世界银行节能融资业务的基础上，转贷部进一步通过总分联动方式，在包括世界银行贷款在内的所有绿色信贷业务项下共实施87个项目，贷款金额137亿元，其中分行实施了72个项目，贷款金额109亿元，涉及13家分行。

（三）制定相关规章制度及操作细则，促进世界银行先进理念的本土化

合理、有效、完善及系统化的规章制度是顺利开展业务的基石。自与世界银行开展业务合作初期，中国进出口银行便十分重视制度建设，根据世界银行项目实施经验，结合已有相关规章制度，并充分考虑贷款品种特点，先后制定了一系列世界银行贷款管理相关规章制度。通过这些制度办法覆盖业务的贷前、贷中和贷后工作，加强业务的规范化管理，并在业务实践中不断修订完善。此外，将世界银行的环境影响评价、采购导则、移民政策、财务管理与支付等要求进一步细化，编制出相关《操作手册》，使从事项目管理的信贷人员能更直观、更通俗、更准确地了解世界银行贷款的政策和方法，也更有效地加强实施过程的程序、质量和风险管理。

（四）利用赠款进行团队建设，为项目顺利实施提供人员保障

专业的团队是业务发展的重要保障，在GEF赠款的支持下，中国进出口银行通过多种方式加强队伍建设，为业务快速发展提供了人员保障。一是从上到下、从总行到分行培养了一支专门从事节能贷款业务的团队，为客户提供专业化的服务。二是利用赠款举办各种形式的业务培训会和研讨会，涉及节能减排政策、重点节能技术、工业各个行业发展特点、节能项目评估等各

个方面。三是利用赠款外聘咨询专家对我行在项目执行过程中的环境影响、招标采购、节能技术、行业标准等方面给予专业指导。四是利用赠款组织项目考察，学习国内外先进经验。

（五）强化贷后管理工作，保持资产质量优良

重视对分行的业务指导，强调精细化管理，落实各项贷后管理工作，特别是项目招标采购流程以及环境影响等方面，保证贷款全流程严格符合各项内外合规性要求，内外部检查特别是审计署审计结果反馈较好，项目质量得到有力保证，未出现任何不良贷款。

四、取得的结果

1. 为21个合格子项目提供融资，贷款金额为世界银行节能贷款资金1亿美元和配套人民币贷款资金11.28亿元，贷款质量较好，保持零不良率，截至2013年年底，贷款余额为0.31亿美元和2.27亿元人民币。项目年节约标煤117万吨，年减排二氧化碳285万吨，此外，还为项目所在地新增了一定的就业岗位，总体上实现了较好的经济效益、社会效益和环境效益。

2. 通过该项目的实施，中国进出口银行在节能融资项目制度和团队建设、产品创新、模式创新、子项目筛选、评估和管理等方面积累了全面系统的经验，项目管理和专业能力明显提升，进而推动了亚行贷款IGCC项目、中德财政合作能效及可再生能源贷款项目、欧洲投资银行应对气候变化贷款项目等其他国际合作项目的实施。

3. 有效推动了中国进出口银行业务创新，促进了进出口企业能效贷款、合同能源管理和节能环保类贷款等金融产品的推出，使中国进出口银行形成了一个完整的支持国家节能减排政策的业务体系。

4. 引入国际先进的管理经验和环保、技术标准，提升了用款企业的项目实施能力和管理水平。

5. 项目的成功实施和模式创新也为其他参与世界银行节能贷款转贷的国内银行及其他商业银行提供了重要的经验借鉴。

五、可持续性和可靠性

2012年，鉴于原项目执行良好，经财政部、国家发展和改革委员会和世界银行同意追加提供1亿美元贷款资金，将重点支持领域从工业节能拓展至建筑节能和合同能源管理，旨在进一步加大节能投资和创新，发挥政策性金

融的政策导向作用。

世界银行资金的有效利用，不仅撬动了中国进出口银行人民币配套贷款，还使其掌握了世界银行在环境评价、招标采购、节能效果、财务支付等方面的标准和要求，吸收了世界银行先进的管理理念和模式，形成了进出口银行自己的节能融资项目系统化标准和要求。除此之外，还带动了中国进出口银行的业务创新，促使其对绿色信贷领域更大规模资金投入，从而实现了世界银行期望的可持续的项目目标。

六、主要经验

1. 领导重视，全面动员。中国进出口银行领导将绿色信贷业务提升到银行业务可持续发展的战略高度，对本项目给予了高度重视和大力支持，为建立团队、完善体系起到重要推动作用。

2. 明确的客户和项目定位，全方位、全系统联动营销模式，结合外部专家资源的支持，有效推动了业务的快速发展。

3. 充分利用赠款开展团队能力建设。从总行相关部门到分行、从国内的培训到国际机构的业务交流、从专家授课到现场的业务指导等，一系列系统的学习和培训，迅速提升了团队节能项目操作和管理的能力，推动了项目的顺利实施。

4. 通过制度建设、流程梳理、示范推广，使项目可操作、易执行、能复制，逐步形成较为全面的、系统化的节能减排和新能源贷款以及环保类贷款业务，为绿色经济和循环经济提供有力的信贷支持。

5. 传统银行信贷业务侧重借款人或担保人还款能力的评估，注重分析其财务指标和现金流状况，对项目自身情况的关注度和要求均有限；而世界银行节能融资业务侧重基于项目本身现金流分析，甚至强调项目的节能收益作为唯一还款来源，中国进出口银行在节能融资中也积极尝试此种模式，例如将基于项目收益的应收账款质押作为担保方式之一来实施项目，这为今后更多开展以项目收益为基础的节能融资业务提供了一次有益的探索。

6. 实施世界银行节能融资项目除了要符合国内固定资产贷款项目的要求外，还要格外注重项目招标采购、社会和环境影响、节能量测算、后评价等方面，这些先进管理理念将对今后类似贷款项目的管理产生积极的影响。

附录 3

工程建设标准体系[①]
（城乡规划、城镇建设、房屋建筑部分）

1 标准体系的表述

为准确、详细地描述每部分体系所含各专业的标准分体系，用专业综述、专业的标准分体系框图（见附图3.1）、专业标准体系表（见本附录附表）和项目说明四部分来表述。

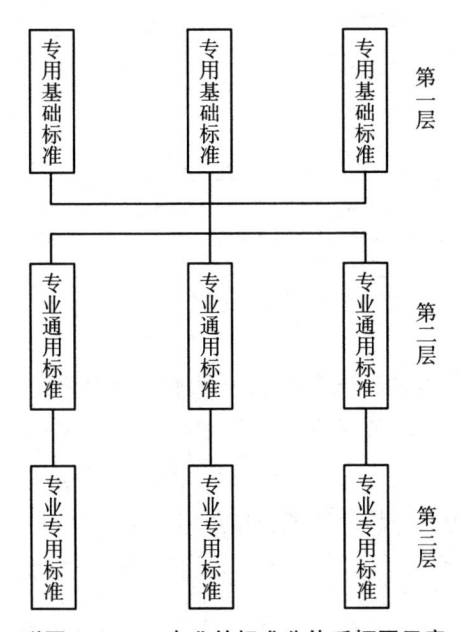

附图3.1 ＊＊专业的标准分体系框图示意

[①] 国家工程建设标准化信息网：http://www.risn.org.cn/News/ShowInfo.aspx?Guid=2221。

（1）各专业的综述部分重点论述了国内外的技术发展、国内外技术标准的现状与发展趋势、现行标准的立项等问题以及新制定专业标准体系的特点。

（2）城乡规划、城镇建设和房屋建筑三部分体系所对应包含的专业，按附表3.1分为17个专业。在每个专业内尚可按学科或流程分为若干门类。目前，在专业分类中暂未包含工业建筑和建筑防火。

附表3.1　　　　　　　　专业分类表

专业号	专业名称	专业号	专业名称
[1] 1	城乡规划	[2] 9	城市与工程防灾
[2] 1	城乡工程勘察测量	[3] 1	建筑设计
[2] 2	城镇公共交通	[3] 2	建筑地基基础
[2] 3	城镇道路桥梁	[3] 3	建筑结构
[2] 4	城镇给水排水	[3] 4	建筑施工质量与安全
[2] 5	城镇燃气	[3] 5	建筑维护加固与房地产
[2] 6	城镇供热	[3] 6	建筑室内环境
[2] 7	城镇市容环境卫生	[4] 1	信息技术应用
[2] 8	风景　园林		

注：①专业编号中，[1]为城乡规划部分，[2]为城镇建设部分，[3]为房屋建筑部分；[4]为信息技术应用，为[1]、[2]、[3]内容部分共有。
②村镇建设的内容包含在各有关专业中。
③建筑材料应用、产品检测的内容包含在"建筑施工质量与安全"专业中。

（3）每部分中各专业标准体系表（见本附录附表）的栏目包括：标准的体系编码、标准名称、与该标准相关的现行标准编号和备注4栏。体系编码为四位编码，分别代表专业号（与部分号并列组合）、层次号、同一层次中的门类号、同一层次同一门类中的标准序号（见附图3.2）。

$$[*] *. *. *. *$$

部　专　层　门　标
分　业　次　类　准
号　号　号　号　序号

附图3.2　体系编码示意图

附录 3 | 工程建设标准体系（城乡规划、城镇建设、房屋建筑部分）

（4）体系对应城乡规划、城镇建设、房屋建筑三个部分的强制性条文分篇，按表3′.1分为17个专业。在每个专业内尚可按学科或流程分为若干门类。目前，在专业分类中暂不包含工业建筑和建筑防火。

（5）各标准项目说明中重点说明了各项标准的适用范围、主要内容及与相关标准的关系。

2 各专业标准体系附表

1. 城乡规划技术标准体系［1］1表

［1］1.1　　　　　　　　　　基础标准

体系编码	标准名称	现行标准	备注
［1］1.1.1	术语标准		
［1］1.1.1.1	城乡规划术语标准	GB/T 50280-98	
［1］1.1.2	图形标准		
［1］1.1.2.1	城乡规划制图标准		在编
［1］1.1.3	分类标准		
［1］1.1.3.1	城市用地分类与规划建设用地标准	GBJ 137-90	
［1］1.1.3.2	城市用地分类代码	CJJ 46-91	
［1］1.1.3.3	城市规划基础资料搜集规程与分类代码		
［1］1.1.3.4	村镇规划基础资料搜集规程		

［1］1.2　　　　　　　　　　通用标准

体系编码	标准名称	现行标准	备注
［1］1.2.1	城市规划通用标准		
［1］1.2.1.1	城镇体系规划规范		
［1］1.2.1.2	城市人口规模预测规程		
［1］1.2.1.3	城市用地评定标准		在编
［1］1.2.1.4	城市环境保护规划规范		
［1］1.2.1.5	城市防地质灾害规划规范		
［1］1.2.1.6	控制性详细规划技术标准		

139

续表

体系编码	标准名称	现行标准	备注
[1] 1.2.1.7	城市生态（系统）规划编制规范		
[1] 1.2.1.8	历史文化名城保护规划规范		在编
[1] 1.2.1.9	城市设计规程		
[1] 1.2.1.10	城市地下空间规划规范		
[1] 1.2.1.11	城市空域规划规范		
[1] 1.2.1.12	城市水系规划规范		在编
[1] 1.2.1.13	城市用地竖向规划规范	CJJ 83-99	
[1] 1.2.1.14	城市工程管线综合规划规范	GB 50289-98	
[1] 1.2.2	村镇规划通用标准		
[1] 1.2.2.1	村镇规划标准	GB 50188-93	
[1] 1.2.2.2	村镇体系规划规范		
[1] 1.2.2.3	村镇用地评定标准		

[1] 1.3　　　　　　　　　　　　专用标准

体系编码	标准名称	现行标准	备注
[1] 1.3.1	城市规划专用标准		
[1] 1.3.1.1	城市居住区规划设计规范	GB 50180-93	
[1] 1.3.1.2	城市工业用地规划规范		
[1] 1.3.1.3	城市仓储用地规划规范		
[1] 1.3.1.4	城市公共设施规划规范		在编
[1] 1.3.1.5	城市环卫设施规划规范		在编
[1] 1.3.1.6	城市消防规划规范		在编
[1] 1.3.1.7	城市绿地规划规范		
[1] 1.3.1.8	城市防卫措施规划规范		
[1] 1.3.1.9	城市岸线规划规范		
[1] 1.3.1.10	区域风景与绿地系统规划规范		
[1] 1.3.1.11	城市轨道交通线网规划规范		

附录3 | 工程建设标准体系（城乡规划、城镇建设、房屋建筑部分）

续表

体系编码	标准名称	现行标准	备注
[1] 1.3.1.12	城市公共交通线网规划规范		
[1] 1.3.1.13	城市停车设施规划规范		
[1] 1.3.1.14	城市客运交通枢纽及广场交通规划规范		
[1] 1.3.1.15	城市加油（气）站规划规范		
[1] 1.3.1.16	城市建设项目交通影响评估技术标准		
[1] 1.3.1.17	城市道路交叉口规划规范		
[1] 1.3.1.18	城市和村镇老龄设施规划规范		在编
[1] 1.3.1.19	城市能源规划规范		
[1] 1.3.1.20	城市道路交通规划规范	GB 50220-95	
[1] 1.3.1.21	城市对外交通规划规范		在编
[1] 1.3.1.22	城市给水工程规划规范	GB 50282-98	
[1] 1.3.1.23	城市排水工程规划规范	GB 50318-2000	
[1] 1.3.1.24	城市电力规划规范	GB 50293-1999	
[1] 1.3.1.25	城市通信工程规划规范		
[1] 1.3.1.26	城市供热工程规划规范		
[1] 1.3.1.27	城市燃气工程规划规范		
[1] 1.3.1.28	城市防洪规划规范		
[1] 1.3.1.29	城市景观灯光设施规划规范		
[1] 1.3.2	村镇规划专用标准		
[1] 1.3.2.1	村镇居住用地规划规范		
[1] 1.3.2.2	村镇生产与仓储用地规划规范	CJJ/T 87-2000	
[1] 1.3.2.3	村镇公共建筑用地规划规范		
[1] 1.3.2.4	村镇绿地规划规范		
[1] 1.3.2.5	村镇环境保护规划规范		
[1] 1.3.2.6	村镇道路交通规划规范		
[1] 1.3.2.7	村镇公用工程规划规范		
[1] 1.3.2.8	村镇防灾规划规范		

2. 城乡工程勘察测量技术标准体系 [2] 1 表

[2] 1.1　　　　　　　　　　基础标准

体系编码	标准名称	现行标准	备注
[2] 1.1.1	术语标准		
[2] 1.1.1.1	工程测量基本术语标准	GB/T 50228-96	
[2] 1.1.1.2	水文基本术语和符号标准	GB/T 50095-98	
[2] 1.1.1.3	岩土工程基本术语标准	GB/T 50279-98	
[2] 1.1.2	图形标准		
[2] 1.1.2.1	地形图图式	GB/T 5791-93 GB/T 7929-1995	
[2] 1.1.2.2	水文地质编图标准		
[2] 1.1.2.3	工程地质编图标准		在编
[2] 1.1.3	分类标准		
[2] 1.1.3.1	水质分类标准	CJ/T 3070-1999	
[2] 1.1.3.2	土地分类标准	GBJ 145-90	
[2] 1.1.3.3	工程岩体分级标准	GB 50218-94	

[2] 1.2　　　　　　　　　　通用标准

体系编码	标准名称	现行标准	备注
[2] 1.2.1	城乡工程测量通用标准		
[2] 1.2.1.1	城乡测量规范	CJJ 8-99	
	城乡基础地理信息系统技术规范 城市地理空间基础框架数据标准		见 [4] 1.2.4.3 见 [4] 1.2.4.4
[2] 1.2.1.2	工程测量规范	GB 50026-93	
[2] 1.2.2	城乡水文地质勘察通用标准		
[2] 1.2.2.1	供水水文地质勘察规范	GB 50027-2001	
[2] 1.2.3	城乡岩土工程勘察通用标准		
[2] 1.2.3.1	城乡规划工程地质勘察规范	CJJ 57-94	
[2] 1.2.3.2	市政工程勘察规范	CJJ 56-94	

附录3 工程建设标准体系（城乡规划、城镇建设、房屋建筑部分）

续表

体系编码	标准名称	现行标准	备注
[2] 1.2.3.3	岩土工程勘察规范	GB 50021-2001	
[2] 1.2.3.4	建筑工程地质钻探技术标准	JGJ 87-92	
[2] 1.2.4	岩土测试与检测通用标准	GB/T 50123-1999	
[2] 1.2.4.1	土工试验方法标准		
[2] 1.2.4.2	工程岩体试验方法标准	GB/T 50266-99	
[2] 1.2.4.3	原位测试方法标准		
[2] 1.2.5	城乡工程物理勘探通用标准		
[2] 1.2.5.1	城市勘察物探规范	CJJ 7-85	

[2] 1.3　　　　　　　　　　　　专用标准

体系编码	标准名称	现行标准	备注
[2] 1.3.1	城乡工程测量专用标准		
[2] 1.3.1.1	全球定位系统城市测量技术规程	CJJ 73-97	
[2] 1.3.1.2	工程摄影测量规程	GB 50167-92	
[2] 1.3.1.3	地下铁道、轻轨交通工程测量规范	GB 50308-1999	
[2] 1.3.1.4	建筑变形测量规程	JGJ/T 8-97	
[2] 1.3.2	城乡水文地质勘察专用标准		
[2] 1.3.2.1	城市地下水动态观测规程	CJJ/T 76-98	
[2] 1.3.2.2	水位观测标准	GBJ 138-90	
[2] 1.3.2.3	供水水文地质钻探与凿井操作规程	CJJ 13-87	
[2] 1.3.2.4	供水水文地质遥感技术规程	CECS 34：91	
[2] 1.3.3	城乡岩土工程勘察专用标准		
[2] 1.3.3.1	城市轨道交通岩土工程勘察规程	GB 50307-1999	
[2] 1.3.3.2	高层建筑岩土工程勘察规程	JGJ 72-90	
[2] 1.3.3.3	冻土工程地质勘察规程	GB 50324-2001	
[2] 1.3.3.4	软土地区工程地质勘察规程	JGJ 83-91	
[2] 1.3.3.5	地质灾害勘察规程		
[2] 1.3.3.6	垃圾处理场工程地质勘察规程		
[2] 1.3.3.7	岩土工程勘察报告编制标准	CECS 99：98	

续表

体系编码	标准名称	现行标准	备注
[2] 1.3.4	岩土测试与检测专用标准		
[2] 1.3.4.1	孔隙水压力测试规程	CECS 55-93	
[2] 1.3.5	城乡工程物理勘探专用标准		
[2] 1.3.5.1	场地微地震测量技术规程	CECS 74:95	
[2] 1.3.5.2	城市地下管线探测技术规程	CJJ 61-94	
[2] 1.3.5.3	多道瞬态面波勘察技术规程		在编

3. 城镇公共交通专业标准体系 [2] 2 表

[2] 2.1 基础标准

体系编码	标准名称	现行标准	备注
[2] 2.1.1	术语标准		
[2] 2.1.1.1	城市公共交通术语标准	GB 5655-85	应修订
[2] 2.1.2	分类标准		
[2] 2.1.2.1	城市公共交通分类标准		
[2] 2.1.3	标志标识标准		
[2] 2.1.3.1	城市公共交通标志标识	GB 5845-86	应修订
[2] 2.1.3.2	城市公共交通图形与符号		加其他类
[2] 2.1.4	计量符号标准		
[2] 2.1.4.1	城市公共交通计量符号		
[2] 2.1.5	限界标准		
[2] 2.1.5.1	地铁限界标准		在编
[2] 2.1.5.2	轻轨交通限界标准		
[2] 2.1.5.3	单轨交通限界标准		
[2] 2.1.5.4	磁悬浮列车限界标准		
[2] 2.1.6	工程制图标准		
[2] 2.1.6.1	公共汽、电车工程制图标准		
[2] 2.1.6.2	城市客渡轮工程制图标准		
[2] 2.1.6.3	客运索道与缆车工程制图标准		
[2] 2.1.6.4	城市轨道交通工程制图标准		

附录3 | 工程建设标准体系（城乡规划、城镇建设、房屋建筑部分）

[2] 2.2　　　　　　　　　　　通用标准

体系编码	标准名称	现行标准	备注
[2] 2.2.1	公共汽、电车通用标准		
[2] 2.2.1.1	城市公共交通站、场、厂设计规范	CJJ 15-87	
[2] 2.2.1.2	城市公共交通站、场、厂施工及验收规范		
[2] 2.2.1.3	公交汽、电车系统运营管理规范		
[2] 2.2.2	城市客渡轮通用标准		
[2] 2.2.2.1	城市客渡轮码头设计规范		
[2] 2.2.2.2	城市客渡轮码头施工及验收规范		
[2] 2.2.2.3	城市客渡轮系统运营管理规范		
[2] 2.2.3	客运索道与缆车通用标准		
[2] 2.2.3.1	客运索道与缆车工程设计规范		
[2] 2.2.3.2	客运索道与缆车工程施工及验收规范		
[2] 2.2.3.3	客运索道与缆车系统运营管理规范		
[2] 2.2.4	城市轨道交通工程通用标准		
[2] 2.2.4.1	城市轨道交通总体工程技术标准		
[2] 2.2.4.2	城市轨道交通工程高架结构设计荷载规范		
[2] 2.2.4.3	城市轨道交通工程结构耐久性技术规范		
[2] 2.2.4.4	城市轨道交通工程事故防灾报警系统技术规范		
[2] 2.2.4.5	城市轨道交通系统运营管理规范		
	城市轨道交通工程抗震技术规范		见 [2] 9

[2] 2.3　　　　　　　　　　　专用标准

体系编码	标准名称	现行标准	备注
[2] 2.3.1	公共汽、电车专用标准		
[2] 2.3.1.1	公共汽、电车行车监控及集中调度系统技术规程		
[2] 2.3.1.2	无轨电车牵引供电网工程技术规程	CJJ 72-97	
[2] 2.3.1.3	无轨电车供、变电站工程技术规程		
[2] 2.3.3	客运索道与缆车专用标准		
[2] 2.3.3.1	客运索道与缆车工程事故防灾报警与救援技术规程		

145

续表

体系编码	标准名称	现行标准	备注
[2] 2.3.4	城市轨道交通工程专用标准		
[2] 2.3.4.1	地铁工程设计规程	GB 50157-92 CJJ 49-92	在修订
[2] 2.3.4.2	地铁工程施工及验收规程	GB 50299-1999	
[2] 2.3.4.3	地铁给排水工程技术规程		
[2] 2.3.4.4	地铁通风与空调系统工程技术规程		
[2] 2.3.4.5	地铁车场与维修基地工程技术规程		
[2] 2.3.4.6	轻轨交通工程设计规程		
[2] 2.3.4.7	轻轨交通工程施工及验收规程		
[2] 2.3.4.8	轻轨交通共用路面工程技术规程		
[2] 2.3.4.9	轻轨交通车场与维修基地工程技术规程		
[2] 2.3.4.10	单轨交通工程设计规程		
[2] 2.3.4.11	单轨交通工程施工及验收规程		
[2] 2.3.4.12	单轨交通车场与维修基地工程技术规程		
[2] 2.3.4.13	磁悬浮列车工程设计规程		
[2] 2.3.4.14	磁悬浮列车工程施工及验收规程		
[2] 2.3.4.15	磁悬浮列车车场与维修基地工程技术规程		
[2] 2.3.4.16	区域快速轨道系统工程技术规程		

4. 城镇道路桥梁技术标准体系 [2] 3 表

[2] 3.1　　　　　　　　　　基础标准

体系编码	标准名称	现行标准	备注
[2] 3.1.1	术语标准	GBJ/T 124-88	
[2] 3.1.1.1	道路工程术语标准		
[2] 3.1.2	符号与计量单位标准		
[2] 3.1.2.1	道路符号与计量单位标准		
[2] 3.1.3	图形标准	GB/T 50162-92	
[2] 3.1.3.1	道路工程制图标准		

附录3 | 工程建设标准体系（城乡规划、城镇建设、房屋建筑部分）

[2] 3.2　　　　　　　　　　　　通用标准

体系编码	标准名称	现行标准	备注
[2] 3.2.1	城镇道路通用标准		
[2] 3.2.1.1	城镇道路工程技术标准	CJJ 37-90	
[2] 3.2.1.2	城镇道路项目安全评价规范		
[2] 3.2.1.3	城市道路环境控制标准		
[2] 3.2.1.4	城镇道路工程施工与验收规范	CJJ 1-90	
[2] 3.2.1.5	城镇道路养护技术规范	CJJ 36-90	
[2] 3.2.2	城镇桥梁通用标准		
[2] 3.2.2.1	城市桥梁设计规范	CJJ 11-93	
[2] 3.2.2.2	城市桥梁设计荷载标准	CJJ 77-98	
	城镇桥梁工程抗震设计规范		[2] 9.2.2.5
[2] 3.2.2.3	城市桥梁工程施工与验收规范	CJJ 2-90	
[2] 3.2.2.4	城市桥梁养护技术规范		在编
[2] 3.2.3	城镇隧道通用标准		
[2] 3.2.3.1	城镇隧道工程设计规范		
[2] 3.2.4	城镇道桥监理通用标准		
[2] 3.2.4.1	城镇道桥隧工程施工监理规范		

[2] 3.3　　　　　　　　　　　　专用标准

体系编码	标准名称	现行标准	备注
[2] 3.3.1	城镇道路专用标准		
[2] 3.3.1.1	厂矿道路设计规程	GBJ 22-87	现行标准含验收
[2] 3.3.1.2	城市快速路设计规程		在编
[2] 3.3.1.3	城市道路交叉设计规程		在编
[2] 3.3.1.4	城市道路路面设计规程		
[2] 3.3.1.5	城市道路路基设计规程		
[2] 3.3.1.6	城市道路交通设施设计规程		
	城市道路和建筑物无障碍设计规范	JGJ 50-2001	[3] 1.2.1.2

续表

体系编码	标准名称	现行标准	备注
[2]3.3.1.7	沥青路面施工及验收规程	GB 50092-96 CJJ 42-91 CJJ 43-91 CJJ 66-95	合并
[2]3.3.1.8	水泥混凝土路面施工及验收规程	GBJ 97-87 CJJ 79-88	合并
[2]3.3.1.9	城镇路面基层施工及验收规程	CJJ 4-97 CJJ 5-83 CJJ 35-90 CJJ/T 80-98	合并
[2]3.3.1.10	城市道路路基工程施工及验收规程	CJJ 44-91	
[2]3.3.1.11	柔性路面设计参数测定方法标准	CJJ/T 59-94	
[2]3.3.1.12	城市道路照明设计规程	CJJ 45-91	
[2]3.3.1.13	城市道路照明施工及验收规程	CJJ 89-2001	
[2]3.3.2	城镇桥梁专用标准		
[2]3.3.2.1	城市人行天桥与人行地道技术规程	CJJ 69-95	
[2]3.3.2.2	城镇地道桥顶进施工技术规程	CJJ 74-99	
[2]3.3.2.3	钢—混凝土组合梁桥设计技术规程		
[2]3.3.2.4	曲线梁桥设计规程		
[2]3.3.2.5	轻骨料混凝土桥梁技术规程		在编
[2]3.3.2.6	城镇桥梁耐久性标准		
[2]3.3.2.7	城镇桥梁及构筑物防水技术规程		
[2]3.3.2.8	城镇桥梁构筑物设计规程		
[2]3.3.2.9	城镇梁式桥悬拼、悬浇施工技术规程		
[2]3.3.2.10	城镇桥梁鉴定与加固技术规程		
[2]3.3.3	城镇隧道专用标准		

5. 城镇给水排水专业标准体系 [2] 4 表

[2] 4.1 基础标准

体系编码	标准名称	现行标准	备注
[2]4.1.1	术语标准		
[2]4.1.1.1	给水排水术语标准	GBJ 125-89	
[2]4.1.2	图形符号标准		
[2]4.1.2.1	给水排水制图标准	GB/T 50106-2001	

续表

体系编码	标准名称	现行标准	备注
[2] 4.1.2.2	给水排水符号标准		
[2] 4.1.3	分类标准		
[2] 4.1.3.1	城镇用水分类	CJ/T 3070-1999	在编
[2] 4.1.3.2	再生水分类		

[2] 4.2 通用标准

体系编码	标准名称	现行标准	备注
[2] 4.2.1	城镇给水排水工程通用标准		
[2] 4.2.1.1	室外给水设计规范	GBJ 13-86	
[2] 4.2.1.2	室外排水设计规范	GBJ 14-87	
[2] 4.2.1.3	给水排水构筑物结构设计规范	GBJ 69-84	
[2] 4.2.1.4	给水排水构筑物施工及验收规范	GBJ 141-90	
[2] 4.2.1.5	给水管井技术规范	GB 50296-1999	见 [2] 9.2.2.3
	城镇地上管线工程抗震设计规范		见 [2] 9.2.2.4
	城镇地下管网工程抗震设计规范		见 [2] 9.2.2.8
	城镇地上管线抗震鉴定标准		见 [2] 9.2.2.9
	城镇地下管网抗震鉴定标准		
[2] 4.2.2	城镇给水排水管道工程通用标准		
[2] 4.2.2.1	给水排水管道结构设计规范	GBJ 69-84	
[2] 4.2.2.2	给水排水管道工程施工及验收规范	GB 50268-97 CJJ 3-90	
[2] 4.2.3	建筑给水排水工程通用标准		
[2] 4.2.3.1	建筑给水排水设计规范	GBJ 15-88	
[2] 4.2.3.2	建筑给水排水施工及验收规范	GB 50242-2002	
[2] 4.2.4	节约用水通用标准		
[2] 4.2.4.1	居民生活用水量标准	GB/T 50331-2002	
[2] 4.2.4.2	节水型城市控制标准		
[2] 4.2.5	运行管理通用标准		
[2] 4.2.5.1	城镇水源地安全防护管理规范		
[2] 4.2.5.2	城镇给水厂运行、维护及其安全技术规范	CJJ 58-94	
[2] 4.2.5.3	城镇污水处理厂运行、维护及其安全技术规范	CJJ 60-94	

[2] 4.3　　　　　　　　　　　　专用标准

体系编码	标准名称	现行标准	备注
[2] 4.3.1	城镇给水排水工程专用标准		
[2] 4.3.1.1	城镇给水处理工程设计规程		
[2] 4.3.1.2	城镇给水厂污泥处理技术规程		
[2] 4.3.1.3	城镇给水厂施工及验收规程		
[2] 4.3.1.4	含藻水给水处理设计规程	CJJ 32-89	
[2] 4.3.1.5	高浊度水给水处理设计规程	CJJ 40-91	
[2] 4.3.1.6	高氟水给水处理设计规程	CECS 46：93	
[2] 4.3.1.7	低温低浊水给水处理设计规程		
[2] 4.3.1.8	城镇给水厂附属建筑和附属设备设计标准	CJJ 41-92	
[2] 4.3.1.9	城镇给水系统电气及自动化工程技术规程		
[2] 4.3.1.10	村镇给水工程技术规程	CECS 82：96	
[2] 4.3.1.11	城镇污水处理工程设计规程		
[2] 4.3.1.12	城镇污水处理厂污泥处理技术规程		
[2] 4.3.1.13	城镇污水处理厂施工及验收规程		
[2] 4.3.1.14	污水稳定塘工程技术规程	CJJ/T 54-93	
[2] 4.3.1.15	寒冷地区污水活性污泥法处理设计规程		
[2] 4.3.1.16	城镇污水排海处理技术规程		
[2] 4.3.1.17	城镇污水土地处理技术规程		
[2] 4.3.1.18	医院污水处理技术规程	CECS 07：88	
[2] 4.3.1.19	城镇污水处理厂附属建筑和附属设备设计标准	CJJ 31-89	
[2] 4.3.1.20	城镇排水系统电气及自动化工程技术规程		
[2] 4.3.1.21	村镇排水工程技术规程		
[2] 4.3.2	城镇给水排水管道工程专用标准		
[2] 4.3.2.1	给排水玻璃纤维增塑夹砂管道工程技术规程		在编

续表

体系编码	标准名称	现行标准	备注
[2] 4.3.2.2	室外给水塑料管道工程技术规程		在编
[2] 4.3.2.3	室外排水塑料管道工程技术规程		
[2] 4.3.2.4	城镇给水管网涂衬技术规程		
[2] 4.3.2.5	城镇排水泵站技术规程	CECS 10：89	
[2] 4.3.2.6	城镇给排水管网维修更新技术规程		见[2] 9.3.2.11
	城镇管网抗震加固技术规程		
[2] 4.3.3	建筑给水排水工程专用标准		
[2] 4.3.3.1	居住小区给水排水技术规程	CECS 57：94	
[2] 4.3.3.2	公共浴室给水排水技术规程		
[2] 4.3.3.3	游泳池给水排水技术规程	CECS 14：89	
[2] 4.3.3.4	生活热水管道工程技术规程		
[2] 4.3.3.5	直饮水工程技术规程		
[2] 4.3.3.6	建筑给水塑料管道工程技术规程		在编
[2] 4.3.3.7	建筑给水复合管道工程技术规程		在编
[2] 4.3.3.8	建筑给水金属管道工程技术规程		
[2] 4.3.3.9	建筑排水塑料管道工程技术规程	CJJ/T 29-98	
[2] 4.3.3.10	建筑给水排水管道维修更新技术规程		
[2] 4.3.4	节约用水专用标准		
[2] 4.3.4.1	城镇给水管网漏损控制及评定标准	CJJ 92-2002	
[2] 4.3.4.2	城镇污水再生利用设计规程		在编
[2] 4.3.4.3	建筑中水回用设计规程		在编
[2] 4.3.4.4	建筑节水设计规程		
[2] 4.3.4.5	城镇污水再生利用管道技术规程		
[2] 4.3.4.6	建筑中水回用管道技术规程		
[2] 4.3.5	运行管理专用标准		
[2] 4.3.5.1	城镇给水厂经济调度技术规程		
[2] 4.3.5.2	城镇给水管网养护技术规程		
[2] 4.3.5.3	城镇排水管渠与泵站养护技术规程	CJJ/T 68-96	
[2] 4.3.5.4	城镇排水管道养护安全操作规程	CJJ 6-85	

6. 城镇燃气专业标准体系 [2] 5 表

[2] 5.1　　　　　　　　　　基础标准

体系编码	标准名称	现行标准	备注
[2] 5.1.1	术语、符号、计量单位标准		
[2] 5.1.1.1	城镇燃气术语、工程符号及计量单位标准	CJ/T 3085－1999 CJ/T 3069－1997	
[2] 5.1.2	标志标准		
[2] 5.1.2.1	城镇燃气标志标准		
[2] 5.1.3	图形标准		
[2] 5.1.3.1	城镇燃气工程制图标准		在编
[2] 5.1.4	分类标准		
[2] 5.1.4.1	城镇燃气分类标准		

[2] 5.2　　　　　　　　　　通用标准

体系编码	标准名称	现行标准	备注
[2] 5.2.1	燃气气源通用标准		
[2] 5.2.1.1	城镇燃气气源工程设计规范	GB 50028－93	正修订
[2] 5.2.2	燃气储存、输配通用标准		
[2] 5.2.2.1	城镇燃气输配设计规范	GB 50028－93	正修订
[2] 5.2.2.2	城镇燃气输配工程施工及验收规范	CJJ 33－89	修订
[2] 5.2.2.3	城镇燃气储气工程技术规范	GB 50028－93	正修订
	城镇地上管线工程抗震设计规范		见 [2] 9.2.2.3
	城镇地下管网工程抗震设计规范		见 [2] 9.2.2.4
	城镇地上管线抗震鉴定标准		见 [2] 9.2.2.8
	城镇地下管网抗震鉴定标准		见 [2] 9.2.2.9
[2] 5.2.3	液态燃气储存、输配通用标准		
[2] 5.2.3.1	液化石油气工程技术规范	GB 50028－93	正修订
[2] 5.2.3.2	液化天然气工程技术规范		在编
[2] 5.2.4	燃气应用通用标准		
[2] 5.2.4.1	城镇燃气应用设计规范	GB 50028－93	正修订
[2] 5.2.4.2	城镇室内燃气工程施工及验收规范		在编

[2] 5.3　　　　　　　　　　　　专用标准

体系编码	标准名称	现行标准	备注
[2] 5.3.2	燃气储存、输配专用标准		
[2] 5.3.2.1	城镇燃气设施运行维护和抢修安全技术规程	CJJ 51－2001	
[2] 5.3.2.2	压缩天然气储存、运输设施技术规程		在编
[2] 5.3.2.3	汽车用燃气加气站技术规程	CJJ 84－2000	
[2] 5.3.2.4	门站、调压站工程技术规程	GB 50028－93	正修订
[2] 5.3.2.5	输配系统自动化装置技术规程		
[2] 5.3.2.6	城镇燃气管道内修复工程技术规程		
[2] 5.3.2.7	燃气管道安全性评估方法标准		
[2] 5.3.2.8	城镇燃气埋地钢管腐蚀控制技术规程		在编
[2] 5.3.2.9	聚乙烯及复合燃气管道工程技术规程	CJJ 63－95	
[2] 5.3.2.10	室内燃气新管材管道工程技术规程		
[2] 5.3.2.11	城镇管网抗震加固技术规程		见 [2] 9.3.2.11
[2] 5.3.3	液态燃气储存、输配专用标准		
[2] 5.3.3.1	液化石油气储配站、气化站工程技术规程	GB 50028－93	正修订
[2] 5.3.3.2	液化石油气地下、半地下储存工程技术规程	GB 50028－93	正修订
[2] 5.3.4	燃气应用专用标准		
[2] 5.3.4.1	家用燃气燃烧器具安装及验收规程	CJJ 12－99	
[2] 5.3.4.2	燃气应用设备选用技术规程		
[2] 5.3.4.3	燃气冷热机组工程技术规程		

7. 城镇供热（冷）专业标准体系 [2] 6 表

[2] 6.1　　　　　　　　　　　　基础标准

体系编码	标准名称	现行标准	备注
[2] 6.1.1	术语标准	CJJ 55－1993	
[2] 6.1.1.1	供热术语标准		
[2] 6.1.2	符号、计量单位标准		
[2] 6.1.2.1	供热工程符号和计量单位标准		

续表

体系编码	标准名称	现行标准	备注
[2] 6.1.3	制图标准	CJJ/T 78-1997	
[2] 6.1.3.1	供热工程制图标准		
[2] 6.1.4	标志标准		
[2] 6.1.4.1	供热标志标准		

[2] 6.2　　　　　　　　　　通用标准

体系编码	标准名称	现行标准	备注
[2] 6.2.1	供热热源通用标准		
[2] 6.2.1.1	城镇供热热源工程设计规范		
[2] 6.2.1.2	城镇供热热源工程施工及验收规范		
[2] 6.2.2	供热输配通用标准	CJJ 34-1990	修订
[2] 6.2.2.1	城镇供热管网工程设计规范	CJJ 28-1989	修订
[2] 6.2.2.2	城镇供热管网工程施工及验收规范		在编
[2] 6.2.2.3	城镇供热管网结构设计规范		见 [2] 9.2.2.3
	城镇地上管线工程抗震设计规范		见 [2] 9.2.2.4
	城镇地下管网工程抗震设计规范		见 [2] 9.2.2.8
	城镇地上管线抗震鉴定标准		见 [2] 9.2.2.9
	城镇地下管网抗震鉴定标准		

[2] 6.3　　　　　　　　　　专用标准

体系编码	标准名称	现行标准	备注
[2] 6.3.1	供热热源专用标准	GB 50041-1992	
[2] 6.3.1.1	锅炉房设计规程		
[2] 6.3.1.2	锅炉房施工及验收规程		
[2] 6.3.1.3	小型热电厂设计规程		
[2] 6.3.1.4	小型热电厂施工及验收规程		
[2] 6.3.1.5	低温核供热工程技术规程		

续表

体系编码	标准名称	现行标准	备注
[2] 6.3.1.6	供热加热厂技术规程		
[2] 6.3.2	供热输配专用标准	CJJ/T 81-1998	改名
[2] 6.3.2.1	城镇供热热水管道直埋技术规程	CJJ/T 88-2000	在编
[2] 6.3.2.2	城镇供热蒸汽管道直埋技术规程		改名
[2] 6.3.2.3	城镇集中供热系统安全运行规程		见 [2] 9.3.2.11
[2] 6.3.2.4	城镇供热系统自动化工程技术规程		
[2] 6.3.2.5	城镇供热管网抢修维护技术规程		
[2] 6.3.2.6	城镇供热热力站（制冷站）技术规程		
	城镇管网抗震加固技术规程		

8. 城镇市容环境卫生专业标准体系 [2] 7 表

[2] 7.1　　　　　　　　　　基础标准

体系编码	标准名称	现行标准	备注
[2] 7.1.1	术语标准	CJJ 65-1995	在修订
[2] 7.1.1.1	市容环境卫生术语标准		
[2] 7.1.2	标志标准	CJ/T 13-1999	待修订
[2] 7.1.2.1	市容环境卫生标志标准		
[2] 7.1.3	图形标准	CJ/T 14-1999	合并
[2] 7.1.3.1	市容环境卫生设施图形符号标准	CJ/T 15-1999	

[2] 7.2　　　　　　　　　　通用标准

体系编码	标准名称	现行标准	备注
[2] 7.2.1	市容景观通用标准	CJ/T 12-1999	待修订
[2] 7.2.1.1	城市容貌标准		[1] 1.3.1.29
[2] 7.2.1.2	城市景观灯光设施规划规范		
[2] 7.2.1.3	城市景观灯光集控工程技术规范		
	户外广告设施设置规范		

续表

体系编码	标准名称	现行标准	备注
[2] 7.2.2	环境卫生通用标准	CJJ 27-1989	[1] 1.3.1.5
[2] 7.2.2.1	城市环卫设施规划规范	CJJ 14-1987	在修订
[2] 7.2.2.2	城市环境卫生设施设置标准	CJJ 47-1991	在修订
[2] 7.2.2.3	城市公共厕所工程技术规范	CJJ/T 52-1993	待修订
[2] 7.2.2.4	生活垃圾转运站工程技术规范	CJJ 90-2002	待修订
[2] 7.2.2.5	生活垃圾堆肥处理工程技术规范	CJJ 17-2001	待修订
[2] 7.2.2.6	生活垃圾焚烧处理工程技术规范	CJJ 65-1995	
[2] 7.2.2.7	生活垃圾卫生填埋工程技术规范		
[2] 7.2.2.8	城市粪便处理厂［场］设计规范		
[2] 7.2.2.9	生活垃圾填埋场沼气发电与制燃气工程技术规范		
	生活垃圾渗沥液处理工程技术规范		

[2] 7.3　　　　　　　　　　　专用标准

体系编码	标准名称	现行标准	备注
[2] 7.3.1	市容景观专用标准		
[2] 7.3.1.1	城市景观灯光设计标准		
[2] 7.3.1.2	户外广告设置安全技术规程		
[2] 7.3.1.3	景观灯光设施设置安全技术规程		
[2] 7.3.2	环境卫生专用标准	CJJ 71-2000	在编
[2] 7.3.2.1	城市建（构）筑物清洁保养验收标准	CJJ/T 86-2000	在编
[2] 7.3.2.2	城市建（构）筑物清洁保养作业技术规程		在编
[2] 7.3.2.3	城市除雪作业安全技术规程		
[2] 7.3.2.4	城市道路保洁技术规程		
[2] 7.3.2.5	城市水域保洁技术规程		
[2] 7.3.2.6	机动车辆清洗站工程技术规范		
[2] 7.3.2.7	生活垃圾分类收集方法与评价标准		
[2] 7.3.2.8	生活垃圾转运站运行维护及其安全技术规程		
[2] 7.3.2.9	生活垃圾堆肥处理厂运行维护及其安全技术规程		

续表

体系编码	标准名称	现行标准	备注
[2] 7.3.2.10	生活垃圾焚烧处理厂运行维护及其安全技术规程		
[2] 7.3.2.11	生活垃圾卫生填埋场运行维护及其安全技术规程		
[2] 7.3.2.12	生活垃圾卫生填埋渗沥液收集处理技术规程		
[2] 7.3.2.13	生活垃圾卫生填埋场人工防渗工程技术规程		
[2] 7.3.2.14	生活垃圾填埋场沼气发电与制燃气运行维护及其安全技术规程		
[2] 7.3.2.15	建筑垃圾填埋处理技术规范		
[2] 7.3.2.16	建筑垃圾回收利用技术规范		

9. 风景园林专业标准体系 [2] 8 表

[2] 8.1　　　　　　　　　　基础标准

体系编码	标准名称	现行标准	备注
[2] 8.1.1	术语标准		
[2] 8.1.1.1	园林基本术语标准	CJJ/T 91-2002	
[2] 8.1.2	分类标准		
[2] 8.1.2.1	城市绿地分类标准	CJJ/T 85-2002	
[2] 8.1.2.2	风景名胜区分类标准		
[2] 8.1.2.3	村镇绿地分类标准		
[2] 8.1.3	制图标准		
[2] 8.1.3.1	风景园林制图标准	CJJ 67-95	改名、修订
[2] 8.1.4	标志标准		
[2] 8.1.4.1	风景园林标志标准		

[2] 8.2　　　　　　　　　　通用标准

体系编码	标准名称	现行标准	备注
[2] 8.2.1	城镇园林通用标准		
[2] 8.2.1.1	公园绿地设计规范	CJJ 48-92	改名、修订
[2] 8.2.1.2	城镇专类绿地设计规范		

157

续表

体系编码	标准名称	现行标准	备注
[2] 8.2.1.3	城镇园林管理规范		
	城市绿地规划规范		[1] 1.3.1.7
	城镇绿地监测管理信息系统工程技术规程		[4] 1.3.4.9
[2] 8.2.2	风景名胜区通用标准		
[2] 8.2.2.1	风景资源分类与评价标准		
[2] 8.2.2.2	风景名胜区规划规范	GB 50298-1999	
[2] 8.2.2.3	自然与文化遗产分类、评定与管理标准		
[2] 8.2.2.4	风景名胜区管理标准		
	区域风景与绿地系统规划规范		[1] 1.3.1.10
	风景名胜监测管理信息系统工程技术规程		[4] 1.3.4.8
[2] 8.2.3	风景园林综合通用标准		
[2] 8.2.3.1	园林工程施工及验收规范	CJJ/T 82-99	改名、修订

[2] 8.3　　　　　　　　　　专用标准

体系编码	标准名称	现行标准	备注
[2] 8.3.1	城镇园林专用标准		
[2] 8.3.1.1	植物园设计规程		
[2] 8.3.1.2	动物园设计规程		
[2] 8.3.1.3	游乐园设计与管理规程		
[2] 8.3.1.4	居住绿地设计规程		
[2] 8.3.1.5	道路绿化设计规程	CJJ 75-97	
[2] 8.3.1.6	动物园管理标准		[2] 7.3.1.1
	城市景观灯光设计标准		
[2] 8.3.2	风景名胜区专用标准		
[2] 8.3.2.1	风景名胜区生态环境质量监测与评价标准		
[2] 8.3.2.2	风景名胜区游人中心设计管理规程		
[2] 8.3.3	风景园林综合专用标准		
[2] 8.3.3.1	园林工程苗木养护规程		
[2] 8.3.3.2	古树名木保护技术及管理规程		
[2] 8.3.3.3	城市绿地生物量调查评价标准		
[2] 8.3.3.4	新区建设的生态及景观环境影响评价标准		

10. 城镇与工程防灾专业标准体系 [2] 9 表

[2] 9.1　　　　　　　　　　　　基础标准

体系编码	标准名称	现行标准	备注
[2] 9.1.1	术语标准	JGJ 97-95	
[2] 9.1.1.1	工程抗灾基本术语标准		
[2] 9.1.1.2	工程抗震术语标准		
[2] 9.1.2	图形标志标准	SL 263-2000	
[2] 9.1.2.1	中国蓄滞洪区名称代码		
[2] 9.1.3	区划分类标准	GB 50223-95	
[2] 9.1.3.1	城镇抗震设防和防灾规划标准	GB 50201-95	
[2] 9.1.3.2	建筑抗震设防分类标准		
[2] 9.1.3.3	市政工程抗震设防分类标准		
[2] 9.1.3.4	防洪标准		
[2] 9.1.3.5	工程抗风雪雷击基本区划		
[2] 9.1.3.6	城镇综合防灾规划标准		
[2] 9.1.4	破坏等级标准	YB 9255-95	
[2] 9.1.4.1	建筑地震破坏等级划分标准		
[2] 9.1.4.2	构筑物地震破坏等级划分标准		
[2] 9.1.4.3	市政工程地震破坏分级标准		
[2] 9.1.4.4	建筑工程基于性能的抗震设计标准		

[2] 9.2　　　　　　　　　　　　通用标准

体系编码	标准名称	现行标准	备注
[2] 9.2.1	防火耐火通用标准（略）		
[2] 9.2.2	抗震减灾通用标准	GB 50011-2001	
[2] 9.2.2.1	建筑抗震设计规范	GB 50191-93	
[2] 9.2.2.2	构筑物抗震设计规范	TJ 32-78	
[2] 9.2.2.3	城镇地上管线工程抗震设计规范	GB 50023-95	
[2] 9.2.2.4	城镇地下管网工程抗震设计规范	GBJ 117-88	

续表

体系编码	标准名称	现行标准	备注
[2] 9.2.2.5	城镇桥梁工程抗震设计规范	GBJ 43-82　GBJ 44-82	
[2] 9.2.2.6	建筑抗震鉴定标准	JGJ 101-96	
[2] 9.2.2.7	构筑物抗震鉴定标准		
[2] 9.2.2.8	城镇地上管线抗震鉴定标准		
[2] 9.2.2.9	城镇地下管网抗震鉴定标准		
[2] 9.2.2.10	城镇道桥抗震鉴定标准		
[2] 9.2.2.11	震损建筑抗震修复和加固规程		
[2] 9.2.2.12	震损市政工程抗震修复和加固规程		
[2] 9.2.2.13	建筑抗震试验方法规程		
[2] 9.2.3	抗洪减灾通用标准	CJJ 50-92	
[2] 9.2.3.1	城市防洪工程设计规范		
[2] 9.2.4	抗风雪雷击通用标准	GB 50057-94	
[2] 9.2.4.1	建筑防雷击设计规范		

[2] 9.3　　　　　　　　专用标准

体系编码	标准名称	现行标准	备注
[2] 9.3.1	防火耐火专用标准	CECS 24：90	
[2] 9.3.1.1	木结构耐火设计规程		
[2] 9.3.1.2	金属结构耐火设计规程		
[2] 9.3.1.3	混凝土结构耐火设计规程		
[2] 9.3.2	抗震减灾专用标准	JGJ/T 13	在编 CECS
[2] 9.3.2.1	建筑抗震优化设计规程	CECS 126：2001	在编
[2] 9.3.2.2	建筑方案抗震设计标准	JGJ 116-98	在编
[2] 9.3.2.3	配筋和约束砌体结构抗震技术规程		在编
[2] 9.3.2.4	预应力混凝土结构构件抗震技术规程		
[2] 9.3.2.5	钢—混凝土混合结构抗震技术规程		
[2] 9.3.2.6	非结构构件抗震设计规程		
[2] 9.3.2.7	底部框架砌体房屋抗震设计规程		

续表

体系编码	标准名称	现行标准	备注
[2] 9.3.2.8	建筑基础隔震技术规程		
[2] 9.3.2.9	建筑消能减震技术规程		
[2] 9.3.2.10	建筑抗震加固技术规程		
[2] 9.3.2.11	城镇管网抗震加固技术规程		
[2] 9.3.2.12	城镇道桥抗震加固技术规程		
[2] 9.3.2.13	房屋建筑抗震能力和地震保险评估规程		
[2] 9.3.2.14	震后城镇重建规划规程		
[2] 9.3.2.15	震损建筑工程修复加固改造技术规程		
[2] 9.3.2.16	村镇建筑抗震技术规程		
[2] 9.3.3	抗洪减灾专用标准	GB 50181-93	
[2] 9.3.3.1	蓄滞洪区建筑工程技术规范		
[2] 9.3.4	抗风雪雷击专用标准		
[2] 9.3.4.1	高层建筑抗风技术规程		
[2] 9.3.5	抗地质灾害专用标准	GB 50330-2002	[3] 2.3.1.9
	建筑边坡工程技术规范		
[2] 9.3.6	城镇综合防灾专用标准		
[2] 9.3.6.1	城市轨道交通减灾技术规程		

11. 建筑设计标准体系 [3] 1表

[3] 1.1　　　　　　　　　　基础标准

体系编码	标准名称	现行标准	备注
[3] 1.1.1	术语标准		
[3] 1.1.1.1	建筑设计术语标准		
[3] 1.1.1.2	建筑电气术语标准		
[3] 1.1.2	图形标准		
[3] 1.1.2.1	房屋建筑建筑制图统一标准	GB/T 50001-2001	
[3] 1.1.2.2	建筑制图标准	GB/T 50104-2001	

续表

体系编码	标准名称	现行标准	备注
[3] 1.1.2.3	总图制图标准	GB/T 50103－2001	
[3] 1.1.2.4	建筑电气制图标准		在编
[3] 1.1.3	模数标准		
[3] 1.1.3.1	建筑模数协调统一标准	GBJ 2－86	
[1] 1.1.3.2	住宅模数协调标准	GB/T 50100－2001	
[3] 1.1.3.3	建筑部件模数协调标准	GBJ 101－87	
[3] 1.1.4	分类标准		
[3] 1.1.4.1	建筑分类标准		

[3] 1.2　　　　　　　　　　　通用标准

体系编码	标准名称	现行标准	备注
[3] 1.2.1	建筑设计通用标准		
[3] 1.2.1.1	民用建筑设计通则	JGJ 37－87	
[3] 1.2.1.2	城市道路和建筑物无障碍设计规范	JGJ 50－2001	
[3] 1.2.2	建筑电气设计通用标准		
[3] 1.2.2.1	民用建筑电气设计规范	JGJ/T 16－92	

[3] 1.3　　　　　　　　　　　专用标准

体系编码	标准名称	现行标准	备注
[3] 1.3.1	建筑设计专用标准		
[3] 1.3.1.1	住宅建筑设计规程	GB 50096－1999	
[3] 1.3.1.2	宿舍建筑设计规程	JGJ 36－87	
[3] 1.3.1.3	旅馆建筑设计规程	JGJ 62－90	
[3] 1.3.1.4	中小学校建筑设计规程	GBJ 99－87	
[3] 1.3.1.5	特殊教育学校建筑设计规程		在编
[3] 1.3.1.6	托儿所、幼儿园建筑设计规程	JGJ 39－87	
[3] 1.3.1.7	办公建筑设计规程	JGJ 67－89	

续表

体系编码	标准名称	现行标准	备注
[3] 1.3.1.8	科学实验建筑设计规程	JGJ 91-93	
[3] 1.3.1.9	档案馆建筑设计规程	JGJ 25-2000	
[3] 1.3.1.10	图书馆建筑设计规程	JGJ 38-99	
[3] 1.3.1.11	文化馆建筑设计规程	JGJ 41-87	
[3] 1.3.1.12	村镇文化中心建筑设计规程		
[3] 1.3.1.13	剧场建筑设计规程	JGJ 57-2000	
[3] 1.3.1.14	电影院建筑设计规程	JGJ 58-88	
[3] 1.3.1.15	博物馆建筑设计规程	JGJ 66-91	
[3] 1.3.1.16	展览馆建筑设计规程		
[3] 1.3.1.17	商店建筑设计规程	JGJ 48-88 JGJ 64-89	合并
[3] 1.3.1.18	体育建筑设计规程		在编
[3] 1.3.1.19	综合医院建筑设计规程	JGJ 49-88 JGJ 40-87	合并
[3] 1.3.1.20	老年人建筑设计规程	JGJ 122-99	
[3] 1.3.1.21	殡仪馆建筑设计规程	JGJ 124-99	
[3] 1.3.1.22	汽车库建筑设计规程	JGJ 100-98	
[3] 1.3.1.23	汽车客运站建筑设计规程	JGJ 60-99	
[3] 1.3.1.24	港口客运站建筑设计规程	JGJ 86-92	
[3] 1.3.1.25	铁路旅客车站建筑设计规程	GB 50226-95	
[3] 1.3.1.26	航空港建筑设计规程		
[3] 1.3.1.27	看守所建筑设计规程	JGJ 127-2000	
[3] 1.3.1.28	太阳能建筑技术规程		
[3] 1.3.1.29	电子计算机机房设计规程	GB 50174-2000	
[3] 1.3.2	建筑电气设计专用标准		
[3] 1.3.2.1	智能建筑设计标准	GB/T 50314-2000	
[3] 1.3.2.2	建筑与建筑群综合布线系统工程设计规程	GB 50311-2000	

163

12. 地基基础专业标准体系 [3] 2 表

[3] 2.1　　　　　　　　　　基础标准

体系编码	标准名称	现行标准	备注
[3] 2.1.1	术语标准		
[3] 2.1.1.1	建筑地基基础专业术语		

[3] 2.2　　　　　　　　　　通用标准

体系编码	标准名称	现行标准	备注
[3] 2.2.1	建筑地基基础设计通用标准	GB 50007-2002	
[3] 2.2.1.1	建筑地基基础设计规范		
[3] 2.2.2	设备基础通用标准	GB 50040-96	
[3] 2.2.2.1	动力机器基础设计规范		

[3] 2.3　　　　　　　　　　专用标准

体系编码	标准名称	现行标准	备注
[3] 2.3.1	建筑地基基础设计专用标准		
[3] 2.3.1.1	建筑桩基技术规程	JGJ 94-94　CECS 88-97	
[3] 2.3.1.2	高层建筑箱形与筏形基础技术规程	JGJ 6-99	
[3] 2.3.1.3	冻土地区建筑地基基础设计规程	JGJ 118-98	
[3] 2.3.1.4	膨胀土地区建筑技术规程	GBJ 112-87	
[3] 2.3.1.5	湿陷性黄土地区建筑规程	GBJ 25-90	
[3] 2.3.1.6	盐渍土地区工业与民用建筑规程		
[3] 2.3.1.7	岩溶地区建筑地基基础设计规程		
[3] 2.3.1.8	建筑地基处理技术规程	JGJ 79-91	
[3] 2.3.1.9	建筑边坡工程技术规程	GB 50330-2002	
[3] 2.3.1.10	建筑基坑支护技术规程	JGJ 120-99	
[3] 2.3.2	设备基础专用标准		
[3] 2.3.2.1	地基动力特性测试规程	GB/T 50269-97	

13. 建筑结构专业标准体系［3］3表

［3］3.1　　　　　　　　　　基础标准

体系编码	标准名称	现行标准	备注
［3］3.1.1	建筑结构术语标准		
［3］3.1.1.1	建筑结构设计术语标准	GB/T 50083-97 CECS 11：89 CECS 83：96	3项合并
［3］3.1.2	建筑结构符号标准		
［3］3.1.2.1	建筑结构符号标准	GB/T 50083-97	
［3］3.1.3	建筑结构制图标准		
［3］3.1.3.1	建筑结构制图标准	GBJ 105-87	
［3］3.1.4	建筑结构分类标准		
［3］3.1.4.1	建筑结构分类标准		
［3］3.1.5	建筑结构设计基础标准		
［3］3.1.5.1	建筑结构可靠度设计统一标准	GB 50068-2001	

［3］3.2　　　　　　　　　　通用标准

体系编码	标准名称	现行标准	备注
［3］3.2.1	建筑结构荷载通用标准		
［3］3.2.1.1	建筑结构荷载规范	GB 50007-2001	
［3］3.2.1.2	建筑结构间接作用规范		
［3］3.2.2	混凝土结构设计通用标准		
［3］3.2.2.1	混凝土结构设计规范	GB 50010-2002	
［3］3.2.3	砌体结构设计通用标准		
［3］3.2.3.1	砌体结构设计规范	GB 50003-2001 JGJ 137-2001	2项合并
［3］3.2.4	金属结构设计通用标准		
［3］3.2.4.1	钢及薄壁型钢结构设计规范	GB 50017-2002 GB 50018-2002 JGJ 82-91　JGJ 81-91	4项合并，JGJ82取消验收部分

续表

体系编码	标准名称	现行标准	备注
[3] 3.2.5	木结构设计通用标准		
[3] 3.2.5.1	木结构设计规范	GB 50005-2002	
[3] 3.2.6	组合结构设计通用标准		
[3] 3.2.6.1	组合结构设计规范	JGJ 138-2001 YB 9082-97 CECS 28：90 DL/T 5085：1999 GB 50017-2002 JGJ 99-98 YB 9238-92	7项合并

[3] 3.3　　　　　　　　　　专用标准

体系编码	标准名称	现行标准	备注
[3] 3.3.1	混凝土结构专用标准		
[3] 3.3.1.1	混凝土结构非弹性内力分析规程	CECS 51：93	扩展
[3] 3.3.1.2	混凝土结构抗热设计规程	YS 12-79	
[3] 3.3.1.3	混凝土楼盖结构抗微振设计规程	GB 50190-93	
[3] 3.3.1.4	混凝土结构耐久性技术规程		
[3] 3.3.1.5	轻骨料混凝土结构技术规程	JGJ 12-99	
[3] 3.3.1.6	纤维混凝土结构技术规程	CECS 38：92	
[3] 3.3.1.7	冷加工钢筋混凝土结构技术规程	JGJ 19-92 JGJ 95-95 JGJ 115-97	3项合并
[3] 3.3.1.8	钢筋焊接网混凝土结构技术规程	JGJ 114-97	
[3] 3.3.1.9	无粘结预应力混凝土结构技术规程	JGJ 92-93	
[3] 3.3.1.10	高层建筑混凝土结构技术规程	JGJ 3-2002	
[3] 3.3.1.11	混凝土薄壳结构技术规程	JGJ 22-98	
[3] 3.3.1.12	装配式混凝土结构技术规程	JGJ 1-91 JGJ 21-93 GBJ 130-90 CECS 43：92 CECS 52：93	5项合并
[3] 3.3.1.13	混凝土异型柱结构技术规程		在编
[3] 3.3.1.14	混凝土复合墙体结构技术规程		在编
[3] 3.3.1.15	现浇混凝土空心及复合楼盖技术规程		

附录3 工程建设标准体系（城乡规划、城镇建设、房屋建筑部分）

续表

体系编码	标准名称	现行标准	备注
[3] 3.3.2	砌体结构专用标准		
[3] 3.3.2.1	空心砌块砌体结构技术规程	JGJ/T 14－95 JGJ 5－80	2项合并
[3] 3.3.2.2	蒸压灰砂砖、粉煤灰砖砌体结构技术规程	CECS 20：90	
[3] 3.3.3	金属结构专用标准		
[3] 3.3.3.1	钢结构防腐蚀技术规程		
[3] 3.3.3.2	高层建筑钢结构技术规程	JGJ 99－98	
[3] 3.3.3.3	网架、网壳结构技术规程	JGJ 7－91	扩展
[3] 3.3.3.4	悬索结构技术规程		在编
[3] 3.3.3.5	轻型房屋钢结构技术规程		在编
[3] 3.3.3.6	门式钢架轻型房屋钢结构技术规程	CECS 102：98	
[3] 3.3.3.7	拱形波纹钢屋盖结构技术规程		在编
[3] 3.3.3.8	蒙皮结构技术规程		在编
[3] 3.3.3.9	铝结构技术规程		
[3] 3.3.4	木结构专用标准		
[3] 3.3.4.1	胶合木结构技术规程		
[3] 3.3.5	组合结构专用标准		
[3] 3.3.6	混合结构专用标准		
[3] 3.3.6.1	砌体—混凝土混合结构技术规程		
[3] 3.3.7	特种结构专用标准		
[3] 3.3.7.1	高耸结构技术规程	GBJ 135－90	扩展
[3] 3.3.7.2	筒仓结构技术规程	GBJ 77－85 CECS 08：89	2项合并
[3] 3.3.7.3	烟囱技术规程	GBJ 51－83	
[3] 3.3.7.4	建筑幕墙工程技术规程	JGJ 102－92 JGJ 133－2001 CECS 127：2001	3项合并、扩展
[3] 3.3.7.5	膜结构技术规程		在编
[3] 3.3.7.6	玻璃结构技术规程		
[3] 3.3.7.7	地下防护工程技术规程	GB 50038－94	
[3] 3.3.7.8	地下结构技术规程		

14. 建筑工程施工质量与安全专业标准体系 [3] 4 表

[3] 4.1 基础标准

体系编码	标准名称	现行标准	备注
[3] 4.1.1	术语标准		
[3] 4.1.1.1	建筑工程施工技术术语标准		
[3] 4.1.1.2	建筑材料术语标准		
[3] 4.1.1.3	建筑工程施工质量验收术语标准		
[3] 4.1.1.4	建筑施工安全与卫生术语标准		
[3] 4.1.2	分类标准		
[3] 4.1.2.1	建筑材料分类标准		
[3] 4.1.3	标志标准		
[3] 4.1.3.1	建筑施工现场安全与卫生标志标准	GB 2893，GB 2894	

[3] 4.2 通用标准

体系编码	标准名称	现行标准	备注
[3] 4.2.1	建筑工程施工技术通用标准		
[3] 4.2.1.1	地基基础施工技术规范		
[3] 4.2.1.2	混凝土结构工程施工技术规范		
[3] 4.2.1.3	砌体结构工程施工技术规范		
[3] 4.2.1.4	钢结构工程施工技术规范		
[3] 4.2.1.5	木结构工程施工技术规范		
[3] 4.2.1.6	建筑装饰工程施工技术规范		
[3] 4.2.1.7	建筑电气工程施工技术规范		
[3] 4.2.1.8	建筑防水工程施工技术规范		
	城镇室内燃气工程施工及验收规范		[2] 5.2.4.2
	采暖通风和空调工程施工规范		[3] 6.2.1.2
[3] 4.2.2	建筑材料通用标准		
[3] 4.2.2.1	普通混凝土拌合物性能试验方法	GBJ 80-85	
[3] 4.2.2.2	普通混凝土力学性能试验方法	GBJ 81-85	

附录3 工程建设标准体系（城乡规划、城镇建设、房屋建筑部分）

续表

体系编码	标准名称	现行标准	备注
[3] 4.2.2.3	普通混凝土长期性能和耐久性能试验方法	GBJ 82-85	
[3] 4.2.2.4	混凝土强度检验评定标准	GBJ 107-87	
[3] 4.2.2.5	建筑砂浆基本性能试验方法	JGJ 70-90	
[3] 4.2.2.6	砌体基本力学性能试验方法标准	GBJ 129-90	
[3] 4.2.2.7	建筑幕墙力学性能检测方法	GB/15226-94	
[3] 4.2.3	建筑工程检测技术通用标准		
[3] 4.2.3.1	地基与基础检测技术标准		
[3] 4.2.3.2	建筑工程基桩检测技术规范		在编
[3] 4.2.3.3	建筑结构检测技术标准		在编
[3] 4.2.3.4	砌体结构现场检测技术标准	GB/T 50315-2000	
[3] 4.2.3.5	混凝土结构现场检测技术标准		
[3] 4.2.3.6	钢结构现场检测技术标准		
[3] 4.2.3.7	混凝土结构试验方法标准	GB/T 50152-92	
[3] 4.2.3.8	木结构试验方法标准	GB/T 50329-2002	
[3] 4.2.3.9	民用建筑室内环境污染控制规范	GB 50325-2001	
[3] 4.2.4	建筑工程施工质量验收通用标准		
[3] 4.2.4.1	建筑工程施工质量验收统一标准	GB 50300-2001	
[3] 4.2.4.2	地基与基础工程施工质量验收规范	GB 50202-2001	
[3] 4.2.4.3	防水工程施工质量验收规范	GB 50208-2001	
[3] 4.2.4.4	混凝土结构工程施工质量验收规范	GB 50204-2002	
[3] 4.2.4.5	砌体结构工程施工质量验收规范	GB 50203-2002	
[3] 4.2.4.6	钢结构工程施工质量验收规范	GB 50205-2002	
[3] 4.2.4.7	木结构工程施工质量验收规范	GB 50206-2002	
[3] 4.2.4.8	建筑装饰装修工程质量验收规范	GB 50210-2001 GB 50209-2002	
[3] 4.2.4.9	构筑物工程质量验收规范	GBJ 78-85	
[3] 4.2.4.10	建筑采暖与给水排水工程施工质量验收规范	GB 50302-2002	
[3] 4.2.4.11	建筑电气工程施工质量验收规范	GB 50303-2002	
[3] 4.2.4.12	智能建筑工程施工质量验收规范		

续表

体系编码	标准名称	现行标准	备注
	通风与空调工程施工质量验收规范	GB 50304-2002	[3] 6.3.1.6
	城镇室内燃气工程施工及验收规范		[2] 5.2.4.2
[3] 4.2.5	建筑工程施工管理通用标准		
[3] 4.2.5.1	建设工程项目管理规范	GD/T 50326-2001	
[3] 4.2.5.2	建设工程监理规范	GB 50319-2000	
[3] 4.2.5.3	建设工程质量监督规范		在编
[3] 4.2.6	建筑施工安全通用标准		
[3] 4.2.6.1	建筑施工安全管理规范		
[3] 4.2.6.2	建筑施工安全技术统一规范		在编
[3] 4.2.7	建筑施工现场环境与卫生通用标准		
[3] 4.2.7.1	建筑施工现场环境与卫生标准		

[3] 4.3　　　　　　　　　　专用标准

体系编码	标准名称	现行标准	备注
[3] 4.3.1	建筑工程施工技术专用标准		
[3] 4.3.1.1	屋面工程技术规程	GB 50207-94	
[3] 4.3.1.2	复合墙体施工技术规程		
[3] 4.3.1.3	混凝土泵送施工技术规程	JGJ/T 10-95	
[3] 4.3.1.4	钢筋焊接技术规程	GB 12219-89 JGJ 18-96	
[3] 4.3.1.5	钢筋机械连接技术规程	JGJ 107-96 JGJ 108-96 JGJ 109-96	3项合并
[3] 4.3.1.6	预应力用锚具、夹具和连接器应用技术规程	JGJ 85-92	
[3] 4.3.1.7	建筑涂饰工程技术规程	JGJ 103-96	
[3] 4.3.1.8	门窗安装工程技术规程	JGJ 102-96	
	建筑幕墙工程技术规程		[3] 3.3.8.4
[3] 4.3.2	建筑材料专用标准		
[3] 4.3.2.1	普通混凝土用砂、碎石和卵石质量标准及检验方法	JGJ 52-92 JGJ 53-92	合并

附录3 | 工程建设标准体系（城乡规划、城镇建设、房屋建筑部分）

续表

体系编码	标准名称	现行标准	备注
[3] 4.3.2.2	混凝土拌合用水标准	JGJ 63-89	
[3] 4.3.2.3	普通混凝土配合比设计规程	JGJ 55-2000	
[3] 4.3.2.4	混凝土外加剂应用技术规程	GBJ 119-88	
[3] 4.3.2.5	早期推定混凝土强度试验方法	JGJ 15-83	
[3] 4.3.2.6	轻骨料混凝土技术规程	JGJ 51-90	
[3] 4.3.2.7	蒸压加气混凝土应用技术规程	JGJ 17-84	
[3] 4.3.2.8	掺合料在混凝土中应用技术规程		
[3] 4.3.2.9	特细砂混凝土配制及应用规程	GBJ 19-65	
[3] 4.3.2.10	砌筑砂浆配合比设计规程	JGJ/T 98-2000	
[3] 4.3.2.11	加气混凝土性能试验方法	GB/T 11969-89	
[3] 4.3.2.12	混凝土小型空心砌块检验方法	GB/T 4111-83	
[3] 4.3.2.13	纤维混凝土应用技术规程		
[3] 4.3.2.14	建筑玻璃应用技术规程	JGJ 11-97	
[3] 4.3.3	建筑工程检测技术专用标准		
[3] 4.3.3.1	高强混凝土强度检测技术规程		
[3] 4.3.3.2	建筑工程饰面砖粘结强度检验标准	JGJ 110-97	
[3] 4.3.3.3	建筑门窗现场检测技术规程		
[3] 4.3.3.4	外墙外保温检测技术规程		
[3] 4.3.3.5	砌块结构检测技术规程		
[3] 4.3.3.6	房屋渗漏检测方法规程	JGJ/T 139-2001	
[3] 4.3.3.7	建筑幕墙工程质量检验技术规程		
[3] 4.3.3.8	网架结构质量检测规程		
[3] 4.3.3.9	钢筋焊接接头试验方法	JGJ 27-86	
[3] 4.3.4	建筑工程施工质量验收专用标准		
[3] 4.3.4.1	建筑保温隔热工程技术规程		
[3] 4.3.4.2	建筑电梯工程施工质量验收规程	GB 50310-2002	
[3] 4.3.4.3	人防工程施工质量验收规程	GBJ 134-90	
	洁净室施工及验收规程	JGJ 71-90	[3] 6.3.2.1
[3] 4.3.4.4	网格结构工程施工质量验收规程	JGJ 78-91	
[3] 4.3.4.5	钢框胶合板模板施工质量验收规程	JGJ 96-95	

续表

体系编码	标准名称	现行标准	备注
[3] 4.3.6	建筑施工安全专用标准		
[3] 4.3.6.1	土石方工程施工安全技术规程		在编
[3] 4.3.6.2	建筑施工安全检查标准	JGJ 59-99	
[3] 4.3.6.3	建筑施工门式钢管脚手架安全技术规程	JGJ 128-2000	
[3] 4.3.6.4	建筑施工扣件式钢管脚手架安全技术规程	JGJ 130-2001	
[3] 4.3.6.5	建筑施工碗扣式钢管脚手架安全技术规程		在编
[3] 4.3.6.6	建筑施工木脚手架安全技术规程		在编
[3] 4.3.6.7	建筑施工竹脚手架安全技术规程		在编
[3] 4.3.6.8	建筑施工工具式脚手架安全技术规程		在编
[3] 4.3.6.9	建筑施工模板安全技术规程		在编
[3] 4.3.6.10	建筑施工高处作业安全技术规程	JGJ 80-91	
[3] 4.3.6.11	建筑施工机械设备使用与作业安全技术规程	JGJ 33-2001	
[3] 4.3.6.12	龙门架及井架物料提升机安全技术规程	JGJ 88-92	
[3] 4.3.6.13	建筑施工起重吊装作业安全技术规程		在编
[3] 4.3.6.14	施工现场临时用电安全技术规程	JGJ 46-88	
[3] 4.3.6.15	建筑物拆除工程安全技术规程		在编

15. 建筑维护加固与房地产专业标准体系 [3] 5 表

[3] 5.1　　　　　　　　　　　基础标准

体系编码	标准名称	现行标准	备注
[3] 5.1.1	术语标准		
[3] 5.1.1.1	建筑维护加固与房地产术语标准		
[3] 5.1.2	图形标准		
[3] 5.1.2.1	房地产图例标准		
[3] 5.1.3	分类标准		
[3] 5.1.3.1	既有建筑分类标准		
[3] 5.1.4	等级标准		
[3] 5.1.4.1	既有建筑完损等级标准		
[3] 5.1.4.2	既有建筑修缮等级标准		

附录3 | 工程建设标准体系（城乡规划、城镇建设、房屋建筑部分）

[3] 5.2　通用标准

体系编码	标准名称	现行标准	备注
[3] 5.2.1	既有建筑检测鉴定通用标准		
[3] 5.2.1.1	既有建筑可靠性鉴定标准	GB 50292－1999 GBJ 144－90	合并
	建筑结构检测技术标准	含既有建筑	[3] 4.2.3.3
[3] 5.2.2	既有建筑修缮与加固通用标准		
[3] 5.2.2.1	既有建筑修缮工程查勘与设计规范	JGJ 117－98	扩充
[3] 5.2.2.2	既有建筑修缮工程施工与验收规范	CJJ/T 52－93	扩充
[3] 5.2.2.3	混凝土结构加固技术规范	CECS 25：90	修编
[3] 5.2.2.4	钢结构加固技术规范	CECS 77：96	
[3] 5.2.2.5	砌体结构加固技术规范		
[3] 5.2.2.6	木结构加固技术规范		
[3] 5.2.2.7	轻钢结构加固技术规范		
[3] 5.2.3	建筑与房地产技术管理通用标准		
[3] 5.2.3.1	建筑接管验收标准		
[3] 5.2.3.2	物业管理技术标准		
[3] 5.2.3.3	土地管理技术标准		

[3] 5.3　专用标准

体系编码	标准名称	现行标准	备注
[3] 5.3.1	既有建筑检测鉴定专用标准		
[3] 5.3.1.1	重要大型公用建筑监测技术标准		
[3] 5.3.1.2	建筑防水渗漏检测与评定标准		在编
[3] 5.3.1.3	住宅性能评定标准		在编
[3] 5.3.2	既有建筑修缮与加固专用标准		
[3] 5.3.2.1	建筑给排水设备维修技术规程		
[3] 5.3.2.2	建筑暖通设备维修技术规程		
[3] 5.3.2.3	建筑供电设备维修技术规程		
[3] 5.3.2.4	建筑智能化设备维修技术规程		

续表

体系编码	标准名称	现行标准	备注
[3] 5.3.2.5	建筑虫害防治技术规程		
[3] 5.3.2.6	古建筑木结构维护与加固技术规程	GB 50165–92	
[3] 5.3.2.7	古建筑砌体结构维护与加固技术规程		
[3] 5.3.2.8	古建筑修缮技术规程	CJJ 39–91，CJJ 70–96	扩充
[3] 5.3.2.9	房屋渗漏修缮技术规程	CJJ 62–95	
[3] 5.3.2.10	既有建筑地基基础加固技术规程	JGJ 123–2000	
[3] 5.3.2.11	体外预应力加固技术规程		
[3] 5.3.3	建筑与房地产技术管理专用标准		
[3] 5.3.3.1	建筑外墙维护技术规程		
[3] 5.3.3.2	居住小区管理技术规程		
[3] 5.3.3.3	建筑拆除技术规程		
[3] 5.3.3.4	建筑保护技术标准		
[3] 5.3.3.5	闲置与废弃建筑管理规程		

16. 建筑室内环境专业标准体系 [3] 6 表

[3] 6.1　　　　　　　　　　基础标准

体系编码	标准名称	现行标准	备注
[3] 6.1.1	术语标准		
[3] 6.1.1.1	采暖通风与空气调节、净化设备术语标准	GB 50155–92 GB/T 16803–1997	合并
[3] 6.1.1.2	建筑物理术语标准		
[3] 6.1.2	计量单位、符号标准		
[3] 6.1.2.1	建筑采暖通风空调净化设备计量单位及符号	GB/T 16732–1997	
[3] 6.1.3	图形标准		
[3] 6.1.3.1	暖通空调制图标准	GB/T 50114–2001	
[3] 6.1.4	分类标准		
[3] 6.1.4.1	建筑采暖、通风、空调、净化工程分类标准		
[3] 6.1.4.2	建筑气候区划标准	GB 50178–93	

附录 3 工程建设标准体系（城乡规划、城镇建设、房屋建筑部分）

[3] 6.2 通用标准

体系编码	标准名称	现行标准	备注
[3] 6.2.1	采暖、通风、空调通用标准		
[3] 6.2.1.1	采暖通风和空气调节设计规范	GBJ 19-87	
[3] 6.2.1.2	采暖通风和空调工程施工规范		
[3] 6.2.2	净化通用标准		
[3] 6.2.2.1	洁净厂房设计规范	GB 50073-2001	
[3] 6.2.2.2	医院洁净手术部建筑技术标准		在编
[3] 6.2.3	建筑声学通用标准		
[3] 6.2.3.1	民用建筑声学设计规范	GBJ 118-88	
[3] 6.2.4	建筑光学通用标准		
[3] 6.2.4.1	建筑采光设计标准	GB 50033-2001	
[3] 6.2.4.2	建筑照明设计标准	GB 50034-92，GBJ 133-90	
[3] 6.2.4.3	建筑日照标准		
[3] 6.2.4.4	建筑色彩标准		
[3] 6.2.5	建筑热工通用标准		
[3] 6.2.5.1	民用建筑热工设计规范	GB 50176-93	
[3] 6.2.6	建筑物理通用试验方法标准		
[3] 6.2.6.1	建筑热工检测方法标准		

[3] 6.3 专用标准

体系编码	标准名称	现行标准	备注
[3] 6.3.1	采暖、通风、空调专用标准		
[3] 6.3.1.1	采暖与卫生工程施工及验收规程	GBJ 242-82	
[3] 6.3.1.2	建筑采暖卫生与煤气工程质量检验评定标准	GBJ 302-88	
[3] 6.3.1.3	建筑给水排水与采暖工程施工质量验收规程	GB 50242-2002	
[3] 6.3.1.4	地面采暖工程技术规程		在编
[3] 6.3.1.5	集中采暖系统室温调控及热量计量技术规程		
[3] 6.3.1.6	通风与空调工程施工质量验收规范	GB 50304-2002	
[3] 6.3.1.7	通风管道施工技术规程		在编

续表

体系编码	标准名称	现行标准	备注
[3] 6.3.1.8	玻璃纤维氯氧镁水泥通风管道技术规程		
[3] 6.3.1.9	通风与空调工程施工质量验收规程	GB 50243-2002	
[3] 6.3.1.10	地源热泵应用技术规程		
[3] 6.3.2	净化专用标准		
[3] 6.3.2.1	洁净室施工及验收规程	JGJ 71-90	
[3] 6.3.3	建筑声学专用标准		
[3] 6.3.3.1	建筑噪声测量和控制标准	GBJ 87-85, GBJ 122-88	
[3] 6.3.3.2	剧场、电影院和多用途礼堂声学设计规范		在编
[3] 6.3.3.3	体育馆声学设计及测量规程	JGJ/T 131-2000	
[3] 6.3.3.4	住宅建筑室内振动标准及其测量方法		在编
[3] 6.3.3.5	城市采暖锅炉房噪声和振动控制技术规程		在编
[3] 6.3.3.6	人防工程声学设计规程		
[3] 6.3.4	建筑光学专用标准		
[3] 6.3.4.1	室外工作场地照明设计标准		
[3] 6.3.4.2	室内应急照明设计标准		
[3] 6.3.4.3	视屏终端工作场所照明设计标准		
[3] 6.3.4.4	地下建筑照明设计标准	CECS 45：92	
[3] 6.3.4.5	视觉工效学原则—室内工作系统照明	GB/T 13379-92	
[3] 6.3.5	建筑热工专用标准		
[3] 6.3.5.1	严寒和寒冷地区居住建筑节能设计标准	JGJ 26-95	
[3] 6.3.5.2	夏热冬冷地区居住建筑节能设计标准	JGJ 134-2001	
[3] 6.3.5.3	夏热冬暖地区居住建筑节能设计标准		在编
[3] 6.3.5.4	公共建筑节能设计标准		在编
[3] 6.3.5.5	旅游旅馆建筑热工与空气调节节能设计标准	GB 50189-93	
[3] 6.3.5.6	既有采暖居住建筑节能改造技术规程	JGJ 129-2000	
[3] 6.3.5.7	外墙外保温技术规程		在编
[3] 6.3.5.8	多孔砖砌体建筑热工设计规程		
[3] 6.3.5.9	轻骨料小型砌体建筑热工设计规程		

续表

体系编码	标准名称	现行标准	备注
[3] 6.3.6	建筑物理专用试验和评价方法标准		
[3] 6.3.6.1	建筑隔声测量和评价标准	GBJ 75-84，GBJ 121-88	
[3] 6.3.6.2	建筑吸声、降噪评价标准		在编
[3] 6.3.6.3	厅堂混响时间测量规范	GBJ 76-84	
[3] 6.3.6.4	厅堂音质模型试验方法标准		在编
[3] 6.3.6.5	建筑物现场隔声简易测量规范		在编
[3] 6.3.6.6	隔声间隔声测量规范		在编
[3] 6.3.6.7	住宅给排水系统中器具、设备噪声的实验室测量规范		
[3] 6.3.6.8	室内照明测量方法	GB 5700-85	
[3] 6.3.6.9	室外照明测量方法	GB/T 15240-94	
[3] 6.3.6.10	视环境评价方法	GB/T 12454-90	
[3] 6.3.6.11	光源显色性评价方法	GB 5701-85	
[3] 6.3.6.12	民用建筑室内热环境评价标准		
[3] 6.3.6.13	采暖居住建筑节能检验标准	JGJ 132-2001	
[3] 6.3.6.14	建筑幕墙热工性能检测和计算方法标准		
[3] 6.3.6.15	建筑门窗热工性能计算方法标准		

17. 信息技术应用标准体系 [4] 1 表

[4] 1.1　　　　　　　　　基础标准

体系编码	标准名称	现行标准	备注
[4] 1.1.1	术语标准		
[4] 1.1.1.1	建设领域信息术语标准		
[4] 1.1.2	文本图形符号标准		
[4] 1.1.2.1	建设领域信息系统文本图形符号统一标准		
[4] 1.1.2.2	建设领域电子文档统一标准		
[4] 1.1.3	信息分类编码标准		
[4] 1.1.3.1	建设领域信息分类与编码的基本原则和方法		
[4] 1.1.3.2	建设领域应用数据分类与编码标准		
[4] 1.1.3.3	建设领域技术经济指标分类与编码标准		

[4] 1.2 通用标准

体系编码	标准名称	现行标准	备注
[4] 1.2.1	应用信息数据通用标准		
[4] 1.2.1.1	城乡地理信息系统信息分类与编码标准		
[4] 1.2.1.2	建设领域数据质量与质量控制标准		
[4] 1.2.1.3	建设领域数据库工程技术规范		
[4] 1.2.1.4	建设领域信息数据采集与更新规范		
[4] 1.2.2	信息交换及服务通用标准		
[4] 1.2.2.1	建设领域电子信息数据交换统一标准		
[4] 1.2.2.2	建设领域信息发布与检索规范		
[4] 1.2.3	软件工程通用标准		
[4] 1.2.3.1	建设领域计算机软件工程技术规范	JGJ/T 90-92	
[4] 1.2.3.2	建设领域计算机应用软件测评通用规范		
[4] 1.2.4	信息系统工程通用标准		
[4] 1.2.4.1	建设领域信息化系统工程技术规范		在编
[4] 1.2.4.2	建设领域计算机应用系统信息互联通用接口标准		在编
[4] 1.2.4.3	城乡基础地理信息系统技术规范		在编
[4] 1.2.4.4	城市地理空间基础框架数据标准		
[4] 1.2.4.5	城市公用事业自动化系统工程技术规范		在编
[4] 1.2.4.6	建设领域地理信息技术（GIS）应用系统工程技术规范		
[4] 1.2.4.7	建设领域全球定位技术（GPS）应用系统工程技术规范		
[4] 1.2.4.8	城市地下管线数字化标准		
[4] 1.2.4.9	建设领域电子商务应用规范		
[4] 1.2.5	文档管理信息技术应用通用标准		
[4] 1.2.5.1	建设领域文档信息管理系统工程技术规范		

[4] 1.3 专用标准

体系编码	标准名称	现行标准	备注
[4] 1.3.1	应用信息数据专用标准		
[4] 1.3.1.1	城市规划数据标准		
[4] 1.3.1.2	城镇建设行业信息数据标准		

附录3 | 工程建设标准体系（城乡规划、城镇建设、房屋建筑部分）

续表

体系编码	标准名称	现行标准	备注
[4] 1.3.1.3	房屋建筑行业信息数据标准		
[4] 1.3.1.4	建设领域文档管理信息数据标准		
[4] 1.3.1.5	社区管理数字化应用信息数据标准		
[4] 1.3.4	信息系统工程专用标准		
[4] 1.3.4.1	城乡规划行业信息系统工程技术规程		
[4] 1.3.4.2	城镇建设行业信息系统工程技术规程		
[4] 1.3.4.3	房屋建筑行业信息系统工程技术规程		
[4] 1.3.4.4	社区管理数字化系统工程技术规程		
[4] 1.3.4.5	城镇测量信息系统工程技术规程		
[4] 1.3.4.6	工程测量信息系统工程技术规程		
[4] 1.3.4.7	城镇公共交通运营管理信息系统工程技术规程		
[4] 1.3.4.8	风景名胜监测管理信息系统工程技术规程		
[4] 1.3.4.9	城镇绿地监测管理信息系统工程技术规程		
[4] 1.3.4.10	城镇防灾信息系统工程技术规程		
[4] 1.3.4.11	工程项目管理信息系统工程技术规程		
[4] 1.3.4.12	城市规划监督管理信息系统工程技术规程		
[4] 1.3.5	文档管理信息技术应用专用标准		
[4] 1.3.5.1	城建档案著录规程		在编
[4] 1.3.5.2	城建档案整理规程		在编

附录 4

建筑节能与绿色建筑发展"十三五"规划[①]

住房城乡建设部

2017 年 2 月

推进建筑节能和绿色建筑发展,是落实国家能源生产和消费革命战略的客观要求,是加快生态文明建设、走新型城镇化道路的重要体现,是推进节能减排和应对气候变化的有效手段,是创新驱动增强经济发展新动能的着力点,是全面建成小康社会、增加人民群众获得感的重要内容,对于建设节能低碳、绿色生态、集约高效的建筑用能体系,推动住房城乡建设领域供给侧结构性改革,实现绿色发展具有重要的现实意义和深远的战略意义。本规划根据《国民经济和社会发展第十三个五年规划纲要》《住房城乡建设事业"十三五"规划纲要》制定,是指导"十三五"时期我国建筑节能与绿色建筑事业发展的全局性、综合性规划。

一、规划编制背景

(一)工作基础

"十二五"时期,我国建筑节能和绿色建筑事业取得重大进展,建筑节能标准不断提高,绿色建筑呈现跨越式发展态势,既有居住建筑节能改造在严寒及寒冷地区全面展开,公共建筑节能监管力度进一步加强,节能改造在重点城市及学校、医院等领域稳步推进,可再生能源建筑应用规模进一步扩大,圆满完成了国务院确定的各项工作目标和任务。

建筑节能标准稳步提高。全国城镇新建民用建筑节能设计标准全部修订

[①] 中华人民共和国住房和城乡建设部:http://www.mohurd.gov.cn/wjfb/201703/t20170314_230978.html。

完成并颁布实施，节能性能进一步提高。城镇新建建筑执行节能强制性标准比例基本达到100%，累计增加节能建筑面积70亿平方米，节能建筑占城镇民用建筑面积比重超过40%。北京、天津、河北、山东、新疆等地开始在城镇新建居住建筑中实施节能75%强制性标准。

绿色建筑实现跨越式发展。全国省会以上城市保障性安居工程、政府投资公益性建筑、大型公共建筑开始全面执行绿色建筑标准，北京、天津、上海、重庆、江苏、浙江、山东、深圳等地开始在城镇新建建筑中全面执行绿色建筑标，推广绿色建筑面积超过10亿平方米。截至2015年底，全国累计有4071个项目获得绿色建筑评价标识，建筑面积超过4.7亿平方米。

既有居住建筑节能改造全面推进。截至2015年底，北方采暖地区共计完成既有居住建筑供热计量及节能改造面积9.9亿平方米，是国务院下达任务目标的1.4倍，节能改造惠及超过1500万户居民，老旧住宅舒适度明显改善，年可节约650万吨标准煤。夏热冬冷地区完成既有居住建筑节能改造面积7090万平方米，是国务院下达任务目标的1.42倍。

公共建筑节能力度不断加强。"十二五"时期，在33个省市（含计划单列市）开展能耗动态监测平台建设，对9000余栋建筑进行能耗动态监测，在233个高等院校、44个医院和19个科研院所开展建筑节能监管体系建设及节能改造试点，确定公共建筑节能改造重点城市11个，实施改造面积4864万平方米，带动全国实施改造面积1.1亿平方米。

可再生能源建筑应用规模持续扩大。"十二五"时期共确定46个可再生能源建筑应用示范市、100个示范县和8个太阳能综合利用省级示范，实施398个太阳能光电建筑应用示范项目，装机容量683兆瓦。截至2015年底，全国城镇太阳能光热应用面积超过30亿平方米，浅层地能应用面积超过5亿平方米，可再生能源替代民用建筑常规能源消耗比重超过4%。

农村建筑节能实现突破。截至2015年底，严寒及寒冷地区结合农村危房改造，对117.6万户农房实施节能改造。在青海、新疆等地区农村开展被动式太阳能房建设示范。

支撑保障能力持续增强。全国有15个省级行政区域出台地方建筑节能条例，江苏、浙江率先出台绿色建筑发展条例。组织实施绿色建筑规划设计关键技术体系研究与集成示范等国家科技支撑计划重点研发项目，在部科技计划项目中安排技术研发项目及示范工程项目上百个，科技创新能力不断提高。组织实施中美超低能耗建筑技术合作研究与示范、中欧生态城市合作项目等国际科技合作项目，引进消化吸收国际先进理念和技术，促进我国相关领域取得长足发展。

专栏1　　"十二五"时期建筑节能和绿色建筑主要发展指标

指标	2010年基数	规划目标 2015年	规划目标 年均增速[累计]	实现情况 2015年	实现情况 年均增速[累计]
城镇新建建筑节能标准执行率（%）	95.4	100	[4.6]	100	[4.6]
严寒、寒冷地区城镇居住建筑节能改造面积（亿平方米）	1.8	8.8	[7]	11.7	[9.9]
夏热冬冷地区城镇居住建筑节能改造面积（亿平方米）	—	0.5	[0.5]	0.7	[0.7]
公共建筑节能改造面积（亿平方米）	—	0.6	[0.6]	1.1	[1.1]
获得绿色建筑评价标识项目数量（个）	112	—	—	4071	[3959]
城镇浅层地能应用面积（亿平方米）	2.3	—	—	5	[2.7]
城镇太阳能光热应用面积（亿平方米）	14.8	—	—	30	[15.2]

注：①加黑的指标为节能减排综合性工作方案、国家新型城镇化发展规划（2014~2020年）、中央城市工作会议提出的指标。②[ ]内为5年累计值。

同时，我国建筑节能与绿色建筑发展还面临不少困难和问题，主要有：建筑节能标准要求与同等气候条件发达国家相比仍然偏低，标准执行质量参差不齐；城镇既有建筑中仍有约60%的不节能建筑，能源利用效率低，居住舒适度较差；绿色建筑总量规模偏少，发展不平衡，部分绿色建筑项目实际运行效果达不到预期；可再生能源在建筑领域应用形式单一，与建筑一体化程度不高；农村地区建筑节能刚刚起步，推进步伐缓慢；绿色节能建筑材料质量不高，对工程的支撑保障能力不强；主要依靠行政力量约束及财政资金投入推动，市场配置资源的机制尚不完善。

（二）发展形势

"十三五"时期是我国全面建成小康社会的决胜阶段，经济结构转型升级进程加快，人民群众改善居住生活条件需求强烈，住房城乡建设领域能源资源利用模式亟待转型升级，推进建筑节能与绿色建筑发展面临大有可为的机遇期，潜力巨大，同时困难和挑战也比较突出。

从发展机遇看，党中央、国务院提出的推进能源生产与消费革命、走新型城镇化道路、全面建设生态文明、把绿色发展理念贯穿城乡规划建设管理全过程等发展战略，为建筑节能与绿色建筑发展指明了方向；广大人民群众节能环保意识日益增强，对建筑居住品质及舒适度、建筑能源利用效率及绿色消费等密切关注，为建筑节能与绿色建筑发展奠定坚实群众基础。

从发展潜力看，在建筑总量持续增加以及人民群众改善居住舒适需求、用能需求不断增长的情况下，通过提高建筑节能标准，实施既有居住建筑节能改造，加大公共建筑节能监管力度，积极推广可再生能源，使建筑能源利用效率进一步提升，能源消费结构进一步优化，可以有效遏制建筑能耗的增长趋势，实现北方地区城镇民用建筑采暖能耗强度、公共建筑能耗强度稳步下降，预计到"十三五"期末，可实现约1亿吨标准煤的节能能力，将对完成全社会节能目标做出重要贡献。

从发展挑战看，我国城镇化进程处于窗口期，建筑总量仍将持续增长；经济发展处于转型期，主要依托建筑提供服务场所的第三产业将快速发展；人民群众生活水平处于提升期，对居住舒适度及环境健康性能的要求不断提高，大量新型用能设备进入家庭，对做好建筑节能与绿色建筑发展工作提出了更高要求。

二、总体要求

（一）指导思想

全面贯彻党的十八大和十八届三中、四中、五中、六中全会精神，深入学习贯彻习近平总书记系列重要讲话精神，牢固树立创新、协调、绿色、开放、共享发展理念，紧紧抓住国家推进新型城镇化、生态文明建设、能源生产和消费革命的重要战略机遇期，以增强人民群众获得感为工作出发点，以提高建筑节能标准促进绿色建筑全面发展为工作主线，落实"适用、经济、绿色、美观"建筑方针，完善法规、政策、标准、技术、市场、产业支撑体系，全面提升建筑能源利用效率，优化建筑用能结构，改善建筑居住环境品质，为住房城乡建设领域绿色发展提供支撑。

（二）基本原则

坚持全面推进。从城镇扩展到农村，从单体建筑扩展到城市街区（社区）等区域单元，从规划、设计、建造扩展到运行管理，从节能绿色建筑扩展到装配式建筑、绿色建材，把节能及绿色发展理念延伸至建筑全领域、全过程及全产业链。

坚持统筹协调。与国家能源生产与消费革命、生态文明建设、新型城镇化、应对气候变化、大气污染防治等战略目标相协调、相衔接，统筹建筑节能、绿色建筑、可再生能源应用、装配式建筑、绿色建材推广、建筑文化发展、城市风貌塑造等工作要求，把握机遇，主动作为，凝聚政策合力，提高发展效率。

坚持突出重点。针对建筑节能与绿色建筑发展薄弱环节和滞后领域，采取有力措施持续推进，务求在建筑整体及门窗等关键部位节能标准提升、高性能绿色建筑发展、既有建筑节能及舒适度改善、可再生能源建筑应用等重点领域实现突破。

坚持以人为本。促进人民群众从被动到积极主动参与的角色转变，以能源资源应用效率的持续提升，满足人民群众对建筑舒适性、健康性不断提高的要求，使广大人民群众切实体验到发展成果，逐步形成全民共建的建筑节能与绿色建筑发展的良性社会环境。

坚持创新驱动。加强科技创新，推动建筑节能与绿色建筑技术及产品从被动跟随到自主创新。加强标准创新，强化标准体系研究，充分发挥新形势下各类标准的综合约束与引导作用。加强政策创新，进一步发挥好政府的行政约束与引导作用。加强市场体制创新，充分调动市场主体积极性、自主性，鼓励创新市场化推进模式，全面激发市场活力。

（三）主要目标

"十三五"时期，建筑节能与绿色建筑发展的总体目标是：建筑节能标准加快提升，城镇新建建筑中绿色建筑推广比例大幅提高，既有建筑节能改造有序推进，可再生能源建筑应用规模逐步扩大，农村建筑节能实现新突破，使我国建筑总体能耗强度持续下降，建筑能源消费结构逐步改善，建筑领域绿色发展水平明显提高。

具体目标是：到 2020 年，城镇新建建筑能效水平比 2015 年提升 20%，部分地区及建筑门窗等关键部位建筑节能标准达到或接近国际现阶段先进水平。城镇新建建筑中绿色建筑面积比重超过50%，绿色建材应用比重超过40%。完成既有居住建筑节能改造面积5亿平方米以上，公共建筑节能改造1亿平方米，全国城镇既有居住建筑中节能建筑所占比例超过60%。城镇可再生能源替代民用建筑常规能源消耗比重超过6%。经济发达地区及重点发展区域农村建筑节能取得突破，采用节能措施比例超过10%。

专栏2　　"十三五"时期建筑节能和绿色建筑主要发展指标

指标	2015年	2020年	年均增速[累计]	性质
城镇新建建筑能效提升（%）	—	—	[20]	约束性
城镇绿色建筑占新建建筑比重（%）	20	50	[30]	约束性
城镇新建建筑中绿色建材应用比例（%）	—	—	[40]	预期性
实施既有居住建筑节能改造面积（亿平方米）	—	—	[5]	约束性
公共建筑节能改造面积（亿平方米）	—	—	[1]	约束性
北方城镇居住建筑单位面积平均采暖能耗强度下降比例（%）	—	—	[-15]	预期性
城镇既有公共建筑能耗强度下降比例（%）	—	—	[-5]	预期性
城镇建筑中可再生能源替代率（%）	4	6▲	[2]	预期性
城镇既有居住建筑中节能建筑所占比例（%）	40	60▲	[20]	预期值
经济发达地区及重点发展区域农村居住建筑采用节能措施比例（%）	—	10▲	[10]	预期值

注：①加黑的指标为国务院节能减排综合工作方案、国家新型城镇化发展规划（2014～2020年）、中央城市工作会议提出的指标。②加注▲号的为预测值。③［］内为5年累计值。

三、主要任务

（一）加快提高建筑节能标准及执行质量

加快提高建筑节能标准。修订城镇新建建筑相关节能设计标准。推动严寒及寒冷地区城镇新建居住建筑加快实施更高水平节能强制性标准，提高建筑门窗等关键部位节能性能要求，引导京津冀、长三角、珠三角等重点区域城市率先实施高于国家标准要求的地方标准，在不同气候区树立引领标杆。

积极开展超低能耗建筑、近零能耗建筑建设示范，提炼规划、设计、施工、运行维护等环节共性关键技术，引领节能标准提升进程，在具备条件的园区、街区推动超低能耗建筑集中连片建设。鼓励开展零能耗建筑建设试点。

严格控制建筑节能标准执行质量。进一步发挥工程建设中建筑节能管理体系作用，完善新建建筑在规划、设计、施工、竣工验收等环节的节能监管，强化工程各方主体建筑节能质量责任，确保节能标准执行到位。探索建立企业为主体、金融保险机构参与的建筑节能工程施工质量保险制度。对超高超限公共建筑项目，实行节能专项论证制度。加强建筑节能材料、部品、产品的质量管理。

专栏3　　　　　　　新建建筑建筑节能标准提升重点工程

重点城市节能标准领跑计划。严寒及寒冷地区，引导有条件地区及城市率先提高新建居住建筑节能地方标准要求，节能标准接近或达到现阶段国际先进水平。夏热冬冷及夏热冬暖地区，引导上海、深圳等重点城市和省会城市率先实施更高要求的节能标准。

标杆项目（区域）标准领跑计划。在全国不同气候区积极开展超低能耗建筑建设示范。结合气候条件和资源禀赋情况，探索实现超低能耗建筑的不同技术路径。总结形成符合我国国情的超低能耗建筑设计、施工及材料、产品支撑体系。开展超低能耗小区（园区）、近零能耗建设范工程试点，到2020年，建设超低能耗、近零能耗建筑示范项目1000万平方米以上。

（二）全面推动绿色建筑发展量质齐升

实施建筑全领域绿色倍增行动。进一步加大城镇新建建筑中绿色建筑标准强制执行力度，逐步实现东部地区省级行政区域城镇新建建筑全面执行绿色建筑标准，中部地区省会城市及重点城市、西部地区省会城市新建建筑强制执行绿色建筑标准。继续推动政府投资保障性住房、公益性建筑以及大型公共建筑等重点建筑全面执行绿色建筑标准。积极推进绿色建筑评价标识。推动有条件的城市新区、功能园区开展绿色生态城区（街区、住区）建设示范，实现绿色建筑集中连片推广。

实施绿色建筑全过程质量提升行动。逐步将民用建筑执行绿色建筑标准纳入工程建设管理程序。加强和改进城市控制性详细规划编制工作，完善绿色建筑发展要求，引导各开发地块落实绿色控制指标，建筑工程按绿色建筑标准进行规划设计。完善和提高绿色建筑标准，完善绿色建筑施工图审查技术要点，制定绿色建筑施工质量验收规范。有条件地区适当提高政府投资公益性建筑、大型公共建筑、绿色生态城区及重点功能区内新建建筑中高性能绿色建筑建设比例。加强绿色建筑运营管理，确保各项绿色建筑技术措施发挥实际效果，激发绿色建筑的需求。加强绿色建筑评价标识项目质量事中、事后监管。

实施建筑全产业链绿色供给行动。倡导绿色建筑精细化设计，提高绿色建筑设计水平，促进绿色建筑新技术、新产品应用。完善绿色建材评价体系建设，有步骤、有计划推进绿色建材评价标识工作。建立绿色建材产品质量追溯系统，动态发布绿色建材产品目录，营造良好市场环境。开展绿色建材产业化示范，在政府投资建设的项目中优先使用绿色建材。大力发展装配式建筑，加快建设装配式建筑生产基地，培育设计、生产、施工一体化龙头企业；完善装配式建筑相关政策、标准及技术体系。积极发展钢结构、现代木结构等建筑结构体系。积极引导绿色施工。推广绿色物业管理模式。以建筑垃圾处理和再利用为重点，加强再生建材生产技术、工艺和装备的研发及推广应用，提高建筑垃圾资源化利用比例。

专栏4	绿色建筑发展重点工程

绿色建筑倍增计划。推动重点地区、重点城市及重点建筑类型全面执行绿色建筑标准，积极引导绿色建筑评价标识项目建设，力争使绿色建筑发展规模实现倍增。到2020年，全国城镇绿色建筑占新建建筑比例超过50%，新增绿色建筑面积20亿平方米以上。

绿色建筑质量提升行动。强化绿色建筑工程质量管理，逐步强化绿色建筑相关标准在设计、施工图审查、施工、竣工验收等环节的约束作用。加强对绿色建筑标识项目建设跟踪管理，加强对高星级绿色建筑和绿色建筑运行标识的引导，获得绿色建筑评价标识项目中，二星级及以上等级项目比例超过80%，获得运行标识项目比例超过30%。

绿色建筑全产业链发展计划。到2020年，城镇新建建筑中绿色建材应用比例超过40%；城镇装配式建筑占新建建筑比例超过15%。

（三）稳步提升既有建筑节能水平

持续推进既有居住建筑节能改造。严寒及寒冷地区省市应结合北方地区清洁取暖要求，继续推进既有居住建筑节能改造、供热管网智能调控改造。完善适合夏热冬冷和夏热冬暖地区既有居住建筑节能改造的技术路线，并积极开展试验。积极探索以老旧小区建筑节能改造为重点，多层建筑加装电梯等适老设施改造、环境综合整治等同步实施的综合改造模式。研究推广城市社区规划，制定老旧小区节能宜居综合改造技术导则。创新改造投融资机制，研究探索建筑加层、扩展面积、委托物业服务及公共设施租赁等吸引社会资本投入改造的利益分配机制。

不断强化公共建筑节能管理。深入推进公共建筑能耗统计、能源审计工作，建立健全能耗信息公示机制。加强公共建筑能耗动态监测平台建设管理，逐步加大城市级平台建设力度。强化监测数据的分析与应用，发挥数据对用能限额标准制定、电力需求侧管理等方面的支撑作用。引导各地制定公共建筑用能限额标准，并实施基于限额的重点用能建筑管理及用能价格差别化政策。开展公共建筑节能重点城市建设，推广合同能源管理、政府和社会资本合作模式（PPP）等市场化改造模式。推动建立公共建筑运行调适制度。会同有关部门持续推动节约型学校、医院、科研院所建设，积极开展绿色校园、绿色医院评价及建设试点。鼓励有条件地区开展学校、医院节能及绿色化改造试点。

专栏 5	既有建筑节能重点工程

既有居住建筑节能改造。在严寒及寒冷地区，落实北方清洁取暖要求，持续推进既有居住建筑节能改造。在夏热冬冷及夏热冬暖地区开展既有居住建筑节能改造示范，积极探索适合气候条件、居民生活习惯的改造技术路线。实施既有居住建筑节能改造面积 5 亿平方米以上，2020 年前基本完成北方采暖地区有改造价值城镇居住建筑的节能改造。

老旧小区节能宜居综合改造试点。从尊重居民改造意愿和需求出发，开展以围护结构、供热系统等节能改造为重点，多层老旧住宅加装电梯等适老化改造，给水、排水、电力和燃气等基础设施和建筑使用功能提升改造，绿化、甬路、停车设施等环境综合整治等为补充的节能宜居综合改造试点。

公共建筑能效提升行动。开展公共建筑节能改造重点城市建设，引导能源服务公司等市场主体寻找有改造潜力和改造意愿建筑业主，采取合同能源管理、能源托管等方式投资公共建筑节能改造，实现运行管理专业化、节能改造市场化、能效提升最大化，带动全国完成公共建筑节能改造面积 1 亿平方米以上。

节约型学校（医院）。建设节约型学校（医院）300 个以上，推动智慧能源体系建设试点 100 个以上，实施单位水耗、电耗强度分别下降 10% 以上。组织实施绿色校园、医院建设示范 100 个以上。完成中小学、社区医院节能及绿色化改造试点 50 万平方米。

（四）深入推进可再生能源建筑应用

扩大可再生能源建筑应用规模。引导各地做好可再生能源资源条件勘察和建筑利用条件调查，编制可再生能源建筑应用规划。研究建立新建建筑工程可再生能源应用专项论证制度。加大太阳能光热系统在城市中低层住宅及酒店、学校等有稳定热水需求的公共建筑中的推广力度。实施可再生能源清洁供暖工程，利用太阳能、空气热能、地热能等解决建筑供暖需求。在末端用能负荷满足要求的情况下，因地制宜地建设区域可再生能源站。鼓励在具备条件的建筑工程中应用太阳能光伏系统。做好"余热暖民"工程。积极拓展可再生能源在建筑领域的应用形式，推广高效空气源热泵技术及产品。在城市燃气未覆盖和污水厂周边地区，推广采用污水厂污泥制备沼气技术。

提升可再生能源建筑应用质量。做好可再生能源建筑应用示范实践总结及后评估，对典型示范案例实施运行效果评价，总结项目实施经验，指导可再生能源建筑应用实践。强化可再生能源建筑应用运行管理，积极利用特许经营、能源托管等市场化模式，对项目实施专业化运行，确保项目稳定、高效。加强可再生能源建筑应用关键设备、产品质量管理。加强基础能力建设，建立健全可再生能源建筑应用标准体系，加快设计、施工、运行和维护阶段的技术标准制定和修订，加大从业人员的培训力度。

专栏6　　　　　　　　可再生能源建筑应用重点工程

太阳能光热建筑应用。结合太阳能资源禀赋情况，在学校、医院、幼儿园、养老院以及其他有公共热水需求的场所和条件适宜的居住建筑中，加快推广太阳能热水系统。积极探索太阳能光热采暖应用。全国城镇新增太阳能光热建筑应用面积20亿平方米以上。

太阳能光伏建筑应用。在建筑屋面和条件适宜的建筑外墙，建设太阳能光伏设施，鼓励小区级、街区级统筹布置，"共同产出、共同使用"。鼓励专业建设和运营公司，投资和运行太阳能光伏建筑系统，提高运行管理，建立共赢模式，确保装置长期有效运行。全国城镇新增太阳能光电建筑应用装机容量1000万千瓦以上。

浅层地热能建筑应用。因地制宜推广使用各类热泵系统，满足建筑采暖制冷及生活热水需求。提高浅层地能设计和运营水平，充分考虑应用资源条件和浅层地能应用的冬夏平衡，合理匹配机组。鼓励以能源托管或合同能源管理等方式管理运营能源站，提高运行效率。全国城镇新增浅层地热能建筑应用面积2亿平方米以上。

空气热能建筑应用。在条件适宜地区积极推广空气热能建筑应用，建立空气源热泵系统评价机制，引导空气源热泵企业加强研发，解决设备产品噪音、结霜除霜、低温运行低效等问题。

（五）积极推进农村建筑节能

积极引导节能绿色农房建设。鼓励农村新建、改建和扩建的居住建筑按《农村居住建筑节能设计标准》（GB/T50824）、《绿色农房建设导则》（试行）等进行设计和建造。鼓励政府投资的农村公共建筑、各类示范村镇农房建设项目率先执行节能及绿色建设标准、导则。紧密结合农村实际，总结出符合地域及气候特点、经济发展水平、保持传统文化特色的乡土绿色节能技术，编制技术导则、设计图集及工法等，积极开展试点示范。在有条件的农村地区推广轻型钢结构、现代木结构、现代夯土结构等新型房屋。结合农村危房改造稳步推进农房节能改造。加强农村建筑工匠技能培训，提高农房节能设计和建造能力。

积极推进农村建筑用能结构调整。积极研究适应农村资源条件、建筑特点的用能体系，引导农村建筑用能清洁化、无煤化进程。积极采用太阳能、生物质能、空气热能等可再生能源解决农房采暖、炊事、生活热水等用能需求。在经济发达地区、大气污染防治任务较重地区农村，结合"煤改电"工作，大力推广可再生能源采暖。

四、重点举措

（一）健全法律法规体系

结合建筑法、节约能源法修订，将实践证明切实有效的制度、措施上升为法律制度。加强立法前瞻性研究，评估《民用建筑节能条例》实施效果，适时启动条例修订工作，推动绿色建筑发展相关立法工作。引导地方根据本地实际，出台建筑节能及绿色建筑地方法规。不断完善覆盖建筑工程全过程的建筑节能与绿色建筑配套制度，落实法律法规确定的各项规定和要求。强化依法行政，提高违法违规行为的惩戒力度。

（二）加强标准体系建设

根据建筑节能与绿色建筑发展需求，适时制修订相关设计、施工、验收、检测、评价、改造等工程建设标准。积极适应工程建设标准化改革要求，编制好建筑节能强制标准，优化完善推荐性标准，鼓励各地编制更严格的地方节能标准，积极培育发展团体标准，引导企业制定更高要求的企业标准，增加标准供给，形成新时期建筑节能与绿色建筑标准体系。加强标准国际合作，积极与国际先进标准对标，并加快转化为适合我国国情的国内标准。

专栏7	建筑节能与绿色建筑部分标准编制计划

  建筑节能标准。研究编制建筑节能与可再生能源利用全文强制性技术规范；逐步修订现行建筑节能设计、节能改造系列标准；制（修）订《建筑节能工程施工质量验收规范》《温和地区居住建筑节能设计标准》《近零能耗建筑技术标准》。

  绿色建筑标准。逐步修订现行绿色建筑评价系列标准；制（修）订《绿色校园评价标准》《绿色生态城区评价标准》《绿色建筑运行维护技术规范》《既有社区绿色化改造技术规程》《民用建筑绿色性能计算规程》。

  可再生能源及分布式能源建筑应用标准。逐步修订现行太阳能、地源热泵系统工程相关技术规范；制（修）订《民用建筑太阳能热水系统应用技术规范》《太阳能供热采暖工程技术规范》《民用建筑太阳能光伏系统应用技术规范》。

（三）提高科技创新水平

  认真落实国家中长期科学和技术发展规划纲要，依托"绿色建筑与建筑工业化"等重点专项，集中攻关一批建筑节能与绿色建筑关键技术产品，重点在超低能耗、近零能耗和分布式能源领域取得突破。积极推进建筑节能和绿色建筑重点实验室、工程技术中心建设。引导建筑节能与绿色建筑领域的"大众创业、万众创新"，实施建筑节能与绿色建筑技术引领工程。健全建筑节能和绿色建筑重点节能技术推广制度，发布技术公告，组织实施科技示范工程，加快成熟技术和集成技术的工程化推广应用。加强国际合作，积极引进、消化、吸收国际先进理念、技术和管理经验，增强自主创新能力。

专栏8	建筑节能与绿色建筑技术方向

  建筑节能与绿色建筑重点技术方向。超低能耗及近零能耗建筑技术体系及关键技术研究；既有建筑综合性能检测、诊断与评价，既有建筑节能宜居及绿色化改造、调适、运行维护等综合技术体系研究；绿色建筑精细化设计、绿色施工与装备、调适、运营优化、建筑室内健康环境控制与保障、绿色建筑后评估等关键技术研究；城市、城区、社区、住区、街区等区域节能绿色发展技术路线、绿色生态城区（街区）规划、设计理论方法与优化、城区（街区）功能提升与绿色化改造、可再生能源建筑应用、分布式能源高效应用、区域能源供需耦合等关键技术研究、太阳能光伏直驱空调技术研究；农村建筑、传统民居绿色建筑建设及改造、被动式节能应用技术体系、农村建筑能源综合利用模式、可再生能源利用方式等适宜技术研究。

（四）增强产业支撑能力

  强化建筑节能与绿色建筑材料产品产业支撑能力，推进建筑门窗、保温体系等关键产品的质量升级工程。开展绿色建筑产业集聚示范区建设，推进产业链整体发展，促进新技术、新产品的标准化、工程化、产业化。促进建筑节能和绿色建筑相关咨询、科研、规划、设计、施工、检测、评价、运行维护企业和机构的发展。增强建筑节能关键部品、产品、材料的检测能力。进一步加强建筑能效测评机构能力建设。

专栏9	建筑节能与绿色建筑产业发展
新型建筑节能与绿色建筑材料及产品。积极开发保温、隔热及防火性能良好、施工便利、使用寿命长的外墙保温材料和保温体系、适应超低能耗、近零能耗建筑发展需求的新型保温材料及结构体系，开发高效节能门窗、高性能功能性装饰装修功能一体化技术及产品；高性能混凝土、高强钢等建材推广；高效建筑用空调制冷、采暖、通风、可再生能源应用等领域设备开发及推广。	

（五）构建数据服务体系

健全建筑节能与绿色建筑统计体系，不断增强统计数据的准确性、适用性和可靠性。强化统计数据的分析应用，提升建筑节能和绿色建筑宏观决策和行业管理水平。建立并完善建筑能耗数据信息发布制度。加快推进建筑节能与绿色建筑数据资源服务，利用大数据、物联网、云计算等信息技术，整合政府数据、社会数据、互联网数据资源，实现数据信息的搜集、处理、传输、存储和数据库的现代化，深化大数据关联分析、融合利用，逐步建立并完善信息公开和共享机制，提高全社会节能意识，最大限度激发微观活力。

五、规划实施

（一）完善政策保障机制

会同有关部门积极开展财政、税收、金融、土地、规划、产业等方面的支持政策创新。研究建立事权对等、分级负责的财政资金激励政策体系。各地应因地制宜创新财政资金使用方式，放大资金使用效益，充分调动社会资金参与的积极性。研究对超低能耗建筑、高性能绿色建筑项目在土地转让、开工许可等审批环节设置绿色通道。

（二）强化市场机制创新

充分发挥市场配置资源的决定性作用，积极创新节能与绿色建筑市场运作机制，积极探索节能绿色市场化服务模式，鼓励咨询服务公司为建筑用户提供规划、设计、能耗模拟、用能系统调适、节能及绿色性能诊断、融资、建设、运营等"一站式"服务，提高服务水平。引导采用政府和社会资本合作（PPP）模式、特许经营等方式投资、运营建筑节能与绿色建筑项目。积极搭建市场服务平台，实现建筑领域节能和绿色建筑与金融机构、第三方服务机构的融资及技术能力的有效连接。会同相关部门推进绿色信贷在建筑节能与绿色建筑领域的应用，鼓励和引导政策性银行、商业银行加大信贷支持，将满足条件的建筑节能与绿色建筑项目纳入绿色信贷支持范围。

（三）深入开展宣传培训

结合"节俭养德全民节约行动""全民节能行动""全民节水行动""节能宣传周"等活动，开展建筑节能与绿色建筑宣传，引导绿色生活方式及消费。加大对相关技术及管理人员培训力度，提高执行有关政策法规及技术标准能力。强化技术工人专业技能培训。鼓励行业协会等对建筑节能设计施工、质量管理、节能量及绿色建筑效果评估、用能系统管理等相关从业人员进行职业资格认定。引导高等院校根据市场需求设置建筑节能及绿色建筑相关专业学科，做好专业人才培养。

（四）加强目标责任考核

各省级住房城乡建设主管部门应加强本规划目标任务的协调落实，重点加强约束性目标的衔接，制订推进工作计划，完善由地方政府牵头，住房城乡建设、发展改革、财政、教育、卫生计生等有关部门参与的议事协调机制，落实相关部门责任、分工和进度要求，形成合力，协同推进，确保实现规划目标和任务。组织开展规划实施进度年度检查及中期评估，以适当方式向社会公布结果，并把规划目标完成情况作为国家节能减排综合考核评价、大气污染防治计划考核评价的重要内容，纳入政府综合考核和绩效评价体系。对目标责任不落实、实施进度落后的地区，进行通报批评，对超额完成、提前完成目标的地区予以表扬奖励。

参考文献

第 1 章

[1] 杨秀, 魏庆芃, 江亿. 建筑能耗统计方法探讨 [J]. 中国能源, 2006, 28 (10): 12-16.

[2] 王庆一. 中国建筑能耗统计和计算研究 [J]. 节能与环保, 2007, (8): 9-10.

[3] 国家工程建设标准化信息网 [EB/OL]. http://www.risn.org.cn/News/ShowInfo.aspx?Guid=2221.

[4] 余晓麟. 建筑项目节能评估研究 [D]. 天津大学, 2014.

[5] 江亿. 我国建筑耗能状况及有效的节能途径 [J]. 暖通空调, 2005, 35 (5): 64.

[6] 黄俊鹏, 陈芬, 李峥嵘. 知识经济时代的建筑节能 [J]. 暖通空调, 2005, 35 (6): 6-12.

[7] 张学凤. 节能在建筑设计中的重要作用 [J]. 城市建设理论研究: 电子版, 2013 (30): 00150-00150.

[8] 薛志峰, 江亿. 北京市大型公共建筑用能现状与节能潜力分析 [J]. 暖通空调, 2004, 34 (9): 8-10.

[9] 江亿. 我国建筑能耗趋势与节能重点 [J]. 建设科技, 2006, (7): 10-13.

第 2 章

[1] 张亮. 我国节能与新能源行业的金融支持问题 [J]. 开放导报, 2009, (4): 17-20.

[2] 张亮. 我国节能与新能源行业的融资模式 [J]. 发展研究, 2009, (7): 38-41.

[3] 中美气候合作探索绿色金融模式 [EB/OL]. http://news.xinhuanet.com/finance/2016-06/07/c_129044304.htm.

[4] 清华大学建筑节能研究中心. 中国建筑节能年度发展研究报告 (2011).

[5] 潘璐. 节能减排项目的融资模式研究 [D]. 东北财经大学, 2010.

[6] 乔延阔. 关于解决中小企业融资难问题的对策与建议 [J]. 中共济南市委党校学报, 2013, (2): 76-78.

[7] 陈琳. 我国商业银行绿色金融业务发展研究 [EB/OL]. http://bank.hexun.com/2016-09-06/185892553.html.

第 4 章

[1] 李志铮, 刘荣喜, 白荣顺. 既有建筑节能改造设计方法——唐山市河北一号小区中德合作既改项目 [J]. 建设科技, 2010, (07): 70-72.

[2] 长治市住房保障和城乡建设管理局. 山西省标杆项目申报材料——长治市澳瑞特小区供热计量收费项目 (2013).

[3] 申明月. 北方采暖地区既有居住建筑节能改造融资模式研究 [D]. 长安大学, 2013.

第 6 章

[1] 中国产业信息网. 2015-2020 年中国互联网金融行业市场分析及发展趋势研究报告 (2015).

[2] 申明月. 北方采暖地区既有居住建筑节能改造融资模式研究 [D]. 长安大学, 2013.

[3] 中机产城规划设计研究院. 中国节能服务行业发展现状和前景分析

(2016).

[4] 余水工. 环保大趋势下建筑节能行业市场机遇与挑战分析 [EB/OL]. http://www.qianzhan.com/analyst/detail/329/160317-3b262e03.html.

[5] 康艳兵, 谷立静, 刘海燕. 我国公共机构节能"十一五"工作回顾与"十二五"政策建议 [J]. 中国能源, 2010, 32 (11): 26-29.

第7章

[1] 北京市发展和改革委员会. 节能减排培训教材 [M]. 北京: 中国环境科学出版社, 2008.

[2] 康艳兵. 建筑节能改造: 市场与项目融资 [M]. 北京: 中国建筑工业出版社, 2011.

[3] 张睿. 我国商业银行绿色信贷产品创新研究 [D]. 兰州大学, 2015.

第8章

[1] 中国建设银行研究部. 合同能源管理发展趋势与商业银行对策建议 [EB/OL]. http://finance.sina.com.cn/money/bank/20130712/095816103463.shtml.

[2] 李华. 打破合同能源管理资金瓶颈银行为何难以一展身手 [N]. 中国经济导报, 2011-12-3 (第B03版).

[3] 张卫涛. 兴业银行合同能源管理公司融资服务管理研究 [D]. 大连理工大学, 2014.

[4] 浦发银行发力绿色产业金融服务 [EB/OL]. http://roll.sohu.com/20111215/n329161251.shtml.

[5] 范江波. 对商业银行合同能源管理授信有关问题的思考与建议 [J]. 财经界 (学术版), 2014, (24): 20-31.

第9章

[1] 鞠杰. 哈尔滨市周边农村住宅建筑节能技术优化及评价研究 [D]. 东北林业大学, 2010.

［2］杨西伟，郝斌，郑瑞澄等．我国主要建筑节能技术应用与发展（上）［J］．墙材革新与建筑节能，2007，(8)：39-42.

［3］秦胜，田莉雅，郭杰．企业能源审计在兖矿集团华聚能源公司的应用［J］．徐州建筑职业技术学院学报，2008，8 (1)：54-56.

［4］李小芳，穆林，尹洪超．石化行业能源审计的基本流程分析［J］．节能，2008，(3)：7-9.

［5］王昕．企业能源审计［J］．中国科技信息，2002，(15)：43-44.

［6］李晓庆，刘晓燕，马川［J］．低温建筑技术，2014，(1)：131-133.

第10章

［1］鲍宇清，钱选青，王文波．北京惠新西街12号楼节能改造［J］．建设科技，2007，(24)：78-79.

［2］符振彦．德国既有建筑节能改造在我国北方的典型范例［J］．北京房地产，2008，(2)：99-101.

［3］潘毅群，吴刚，黄治钟等．基于实际案例的既有建筑节能改造节能量检测与验证［D］．国际绿色建筑与建筑节能大会（2013）．

［4］刘宁，王琼．中国第三方节能审核机构发展现状与对策研究［J］．能源与节能，2014，(11)：74-75.